Einführung in die thomistische Metaphysik VII

Die Existenz Gottes

Einführung in die thomistische Metaphysik VII

Die Existenz Gottes

Miguel Grosso

Originaltitel: *Introducción a la Metafísica Tomista VII*
La existencia de Dios
Autor: Miguel Grosso (2020)

INHALTSVERZEICHNIS

1. DAS PRINZIP

Prinzip, allgemein gesprochen, bezieht sich auf das, wovon etwas auf jede mögliche Weise ausgeht.

Aristoteles hatte bereits verschiedene Bedeutungen des "Prinzips" (αρχή) gegeben: Ausgangspunkt der Bewegung einer Sache; bester Ausgangspunkt; das erste und immanente Element der Entstehung; die ursprüngliche und nicht immanente Ursache der Entstehung; Prämisse usw. (Metaphysik, V l, 1012 b 32 - 1013 a 20).[1]

Es kann nur von einem Prinzip gesprochen werden, wenn drei Bedingungen erfüllt sind:

1-Das Prinzip muss sich vom Prinzipierten unterscheiden, zumindest mit einer virtuellen und begrifflichen Unterscheidung.

2-Das Prinzip muss eine gewisse Form der Priorität gegenüber dem Prinzipierten haben.

3-Es muss eine Verbindung zwischen dem Prinzip und dem Prinzipierten bestehen. Diese Verbindung kann sein:

3.1.Extern, wie die zwischen der Morgenröte und dem Tag.

3.2.Intern, wie die zwischen der Sonne und dem Licht.

Die Priorität zwischen dem Prinzip und dem Prinzipierten kann eine Ursprungspriorität, eine Naturpriorität, eine Zeitpriorität oder eine Dauerpriorität sein, deren Unterschiede in der Logik zu studieren sind.

In jedem Fall gehört die Priorität des Prinzips gegenüber dem Prinzipierten dem Prinzip, wenn es als ein bestimmtes Seiende betrachtet wird. In Bezug auf die formelle und genaue Natur des Prinzips ist es nicht vorher, sondern gleichzeitig mit dem Prinzipierten. So wie wir uns den

Vater nicht als Vater vorstellen können, ohne gleichzeitig das Kind zu denken, so schließt und erfordert das Prinzip als solches das Konzept des Prinzipierten als das Ende der Beziehung.

Und sicherlich ist allen Arten von Prinzipien gemeinsam, dass sie das Erste sind, von dem etwas ist, produziert wird oder erkannt wird.[2]

Wir unterscheiden vier Arten oder Gattungen von Prinzipien:

1-**Prinzip des Wissens** *(principium cognitionis)*. Es bezieht sich auf die intelligible Ordnung oder das Wissen, wie das Vorherige das Prinzip des Folgenden ist und das Axiom die Schlussfolgerung oder die darin enthaltene These ist.

2-**Prinzip der Konstitution oder des Wesens** *(principium constitutionis vel essentiae)*. Es entspricht den internen Elementen oder Teilen einer Natur, wie Materie und Form in Bezug auf natürliche und künstliche Verbindungen, die Grundlagen in Bezug auf das Haus, Sauerstoff und Wasserstoff in Bezug auf Wasser.

3-**Prinzip des Ursprungs** *(principium originis)*. Die Morgenröte im Verhältnis zum Tag, das Verständnis im Verhältnis zur Freiheit usw.

4-**Prinzip der Existenz** *(principium existendi)*. Es betrifft das Seiende, das die Existenz eines anderen Seienden durch eine reale Einflussnahme bestimmt. Es entspricht dem, was wir als effiziente Ursache bezeichnen werden.

Obwohl *alle Ursachen Prinzipien sind,*[3] sind nicht alle Prinzipien Ursachen.

(...) denn, wie der heilige Thomas zu Recht bemerkt, "dieser Name Prinzip impliziert eine bestimmte Ordnung; dieser Name Ursache aber impliziert einen bestimmten Einfluss auf die Existenz des verursachten Seins". Daher entspricht der Grund des Prinzips, unabhängig von der Ursache betrachtet,

nur dem Prinzip des Wissens und, was noch angemessener ist, dem Prinzip des Ursprungs.[4]

Tatsächlich bezieht sich das Prinzip der Konstitution oder des Wesens auf die materielle Ursache und die formale Ursache. Und das Prinzip der Existenz, wie bereits erwähnt, auf die effiziente Ursache. Es bleiben also als reine Prinzipien das Prinzip des Wissens und das Prinzip des Ursprungs.

2. DIE URSACHE

Ursache ist ein Prinzip, das in sich selbst den ausreichenden Grund für den Übergang eines Seienden von der Nichtsein zum Sein enthält.

Oder anders ausgedrückt: Ein Prinzip, das von sich aus einem anderen Seienden das Sein verleiht. Wir sagen "Prinzip", weil von ihr die Wirkung ausgeht. Von sich aus, weil sie im eigentlichen und wahren Sinne den Einfluss ausübt, der das Sein hervorbringt. "Das verleiht", das heißt, es liefert das "Sein" oder die "Existenz". "Einem anderen Seienden", das heißt, einem wesentlich unterschiedenen Seienden. Dies geschieht in allen Seienden, die außerhalb Gottes existieren. Was die Ursache dem "Sein" verleiht, wird als "Wirkung" bezeichnet, die als das definiert werden kann, was ohne weiteres von jeder Ursache ausgeht.[5]

Eine Ursache ist wesentlich das, von dem etwas abhängt, sei es in Bezug auf sein Sein oder sein Werden (Metaphysik, I, I, 1).[6]

Aus dem Gesagten können wir drei Elemente unterscheiden:

1-**Eine reale Unterscheidung zwischen Ursache und Wirkung**. In der Wirkung oder im verursachten Seienden besteht eine Abhängigkeit und eine reale Unterscheidung zur Ursache. Denn das, was sein Sein von einem anderen empfängt, hängt von diesem ab und ist gleichzeitig notwendigerweise von ihm verschieden, sei es, weil die Ursache zumindest in der Ordnung der Natur dem Effekt natürlich vorausgeht, sei es, weil kein Seiendes sich selbst das Sein verleihen kann.

2-**Tatsächliche Abhängigkeit im Sein**. Das verursachte Seiende geht tatsächlich aus dem Nichtsein ins Sein über. Dieser Übergang kann auf zwei Arten erfolgen:

2.1.In einem umfassenden und angemessenen Sinne, wie es bei der Schöpfung der Fall ist.

2.2.In einem teilweisen Sinne, wie wenn eine neue Form in bereits vorhandene Materie eingeführt wird, wodurch ein neues Seiendes entsteht.

3.Vorrang der Ursache gegenüber der Wirkung.

Aristoteles behandelte das Problem der Ursache, ihrer Natur und ihrer Arten in verschiedenen Teilen seines Werkes, hauptsächlich jedoch in seiner Metaphysik, A 3.983 b -993 a 10; A 2.1013 a 24- 1014 a 25; und in seiner Physik, II. 3.194 b 29 ff.[7]

Die Ursache beinhaltet mehr als das Prinzip. Das Prinzip übt von sich aus nicht notwendigerweise einen positiven Einfluss aus. So kann es beispielsweise einfach ein Ausgangspunkt sein, wie der Punkt als Prinzip der Linie oder die Einheit als Prinzip der Zahl. Daher wiederholen wir, dass jede Ursache ein Prinzip ist, aber nicht jedes Prinzip eine Ursache ist.

Es ist ratsam, die Ursache von folgenden Konzepten zu unterscheiden:

1-**Das Vorhergehende**. Dies ist ein Fakt, der vor einem anderen, dem sogenannten Nachfolgenden, realisiert oder wahrgenommen wird, über den es möglicherweise keine kausale Wirkung hat. Zum Beispiel: die Nacht und der Tag.

2-**Die *condictio sine qua non***. Die *condictio sine qua non* ist erforderlich, damit die effiziente Ursache wirken kann, beeinflusst jedoch nicht die Wirkung. Sie beschränkt sich darauf, ein Hindernis zu beseitigen, das die effiziente Ursache daran gehindert hat, zu handeln. Zum Beispiel: das Öffnen der Fenster, damit die Sonne in einen Raum eintreten kann.

3-**Der Anlass**. Es handelt sich um eine reine günstige Umstandssituation, die sich der effizienten Ursache bietet, um zu handeln. Zum Beispiel: Die Dunkelheit der Nacht ist ein Anlass für Diebstahl. Aber die Ursache dafür ist die böse Absicht des Diebes. Ein weiteres Beispiel: Die Lästerungen der Gottlosen bieten den Tugendhaften Gelegenheit, Handlungen der Liebe zu Gott zu vollbringen.

Einteilung der Ursache

Die Ursache wird in zwei Gruppen unterteilt: intrinsische Ursachen und extrinsische Ursachen.

1-**Intrinsische Ursachen**. Sie tragen dazu bei, den Effekt durch die gegenseitige Mitteilung ihrer eigenen Realität zu erzeugen. Sie üben ihre Kausalität aus, indem sie diese Realität gegenseitig kommunizieren und so das Verbundeneffekt bilden. Sie sind die materielle Ursache und die formale Ursache. Sie sind in zwei Untergruppen unterteilt:

1.1.Im materiellen Ganzen
1.1.1.Materielle Ursache = Erste Materie *(materia prima)*
1.1.2.Formale Ursache = Substantielle Form

1.2.Im akzidentellen Ganzen
1.2.1.Materielle Ursache: zweite Materie in den Körpern
1.2.2.2.Formale Ursachen: akzidentelle Formen

Zwei Bedingungen sind erforderlich, damit sie die wechselseitige Kausalität ausüben können, von der wir sprechen:

1-Eine effiziente Ursache muss die Form der Materie mitteilen und sie aus ihrer Potenz herausziehen (mit Ausnahme der menschlichen Seele, die von Gott direkt erschaffen wird) und sie so machen, wie sie ist, sei es substantiell oder akzidentell.

2-Die Materie muss nicht nur zur Annahme dieser Form, sondern auch zu ihrer Erhaltung vorbereitet sein. So muss beispielsweise das Bronze geschmolzen und dann abgekühlt werden, damit es zuerst die künstliche Form der Statue annehmen und sie dann bewahren kann.[8]

2-**Extrinsische Ursachen**. Sie bleiben vom Effekt getrennt. Es handelt sich um die effiziente und finale Ursache.

So finden wir vier Arten von Ursachen: materielle *(causa materialis)*, formale *(causa formalis)*, finale *(causa finalis)* und effiziente *(causa efficiens)*.

Zur Erzeugung eines neuen Seienden in den geschaffenen Dingen tragen im Allgemeinen bei:

1-**Die materielle Ursache**, das heißt die Materie, in die eine neue Form eingebracht wird. Wir können es so definieren:

Der dauerhafte, potenzielle und bestimmungsfähige Untergrund für jede physische -akzidentelle oder substantielle- Veränderung, aus dem die Form entnommen wird, die er aufnehmen und bewahren kann..9

Es ist notwendig, in Bezug auf die vorherige Definition, zu klären, dass die menschliche Seele nicht aus der Potenz des Körpers hervorgeht, sondern geschaffen wird. Obwohl sie im Körper existiert, hängt sie überhaupt nicht vom Körper ab.

Beispiele für die materielle Ursache: der Marmor, der die Form der Statue erhält. Bei spirituellen Wirkungen, wie dem Akt des Verstehens, der keine Materie im eigentlichen Sinne hat oder erfordert, kann jedoch gesagt werden, dass das Subjekt, aus dessen Potenzialität und Virtualität der Akt entnommen wird, in Bezug darauf eine materielle Ursache ist.

2-**Die formale Ursache**, das heißt die Form, die in die Materie eingeführt wird, wie die Form der Statue im angegebenen Beispiel. Wir können es wie folgt definieren:

*Der intrinsische Akt -substanziell oder akzidentell-, der die materielle Ursache bestimmt und spezifiziert, indem er mit ihr ein Sein von solcher Wesens konstituiert, substanziell oder akzidentell.*10

3-Die finale Ursache, das heißt der Zweck, das der Agent verfolgt, wenn er auf die Materie einwirkt und die neue Form erzeugt.

4-Die effiziente Ursache. Es kann wie folgt definiert werden:

(...) ist das, was durch seine Handlung Einfluss auf die Produktion oder Existenz eines Seins hat. Ihre Kausalität besteht daher in ihrer Handlung.[11]

Das heißt, der Agent, der durch seine Handlung in der Materie oder im Subjekt die neue Form erzeugt. Es ist die wichtigste von allen und die, die am besten die Ursache rechtfertigt.

Wenn ein Bildhauer eine Statue von Alexander anfertigt, um Ressourcen zu beschaffen, ist die Statue das Ergebnis, der Marmor, aus dem sie gemacht ist, ist ihre materielle Ursache; die Anordnung oder Form, die er dem Marmor gegeben hat, um Alexander den Großen darzustellen, ist ihre formale Ursache; das Geld, das er durch den Verkauf erhalten wollte, ist ihre finale Ursache; der Bildhauer, der sie gemacht hat, ist ihre effiziente Ursache.[12]

Jede dieser Ursachen hat auf eine unterschiedliche Weise auf die Existenz des verursachten Seienden eingewirkt oder wirkt immer noch darauf ein. Jede ist eine Ursache des Seienden, aber jede auf wesentlich unterschiedliche Weise und beeinflusst den Effekt auf ihre eigene Weise.

Einige Autoren fügen zwei weitere Ursachen hinzu: die instrumentale Ursache und die beispielhafte Ursache. Aber in Wirklichkeit sind sie Unterteilungen der vorherigen und können auf eine von ihnen reduziert werden.

Die **instrumentale Ursache** gehört zur effizienten Ursache.

Tatsächlich können wir die effiziente Ursache in zwei Arten unterteilen: Hauptursache und instrumentelle Ursache. Zum Beispiel sagen wir, dass der Maler die Haupteffizienzursache eines Gemäldes ist, und der Pinsel, den er verwendet, ist die instrumentelle Effizienzursache.

Die **beispielhafte Ursache** kann auf die formale Ursache, die effiziente Ursache oder die finale Ursache zurückgeführt werden. Die beispielhafte Ursache ist keine intrinsische Ursache. Gewöhnlich wird die beispielhafte Ursache auf die effiziente Ursache reduziert, weil sie die Norm für die Handlung vorgibt, oder auf die finale Ursache, weil sie die Art und Weise zur Erreichung des Zwecks angibt.

Reduziert auf die formale Ursache, können wir sie wie folgt definieren:

(...) ist die Form oder Idee des Effekts, der erzeugt werden soll und die im Geist der effizienten Ursache in immaterieller, unendlich nachahmbarer und mitteilbarer Weise im Voraus existiert, unabhängig von Zeit und Ort.[13]

Tatsächlich reguliert und lenkt die beispielhafte Ursache die Produktion und Einbringung der Form in die Materie. Zum Beispiel ist die beispielhafte Ursache der Statue die Idee oder das Bild, das der Künstler in seinem Geist im Voraus mit der Absicht bildet, es in den Marmor zu übertragen.

Nun, wenn wir dieselbe Idee betrachten, soweit der Künstler versucht oder beabsichtigt, sie in der Materie umzusetzen, wird sie zur finalen Ursache.

Zusammenfassend: Wenn wir die beispielhafte Ursache als das Ideal der Form betrachten, die die Materie bestimmt und mit ihr den Effekt bildet, reduziert sie sich auf die Ebene der formalen Ursachen; wenn wir sie jedoch als das betrachten, was den Agenten bewegt oder anregt, sie in der Materie zu produzieren, reduziert sie sich auf die Ebene der finalen Ursachen.[14]

En der natürlichen Ordnung steht die materielle Ursache an erster Stelle. Tatsächlich setzt jeder geschaffene Agent die Existenz einer Art von

Materie voraus, um zu handeln. An zweiter Stelle steht die letzte Ursache, die den Agenten zur Handlung bewegt. An dritter Stelle steht die effiziente Ursache, die die Form erzeugt und in die Materie einbringt. An vierter und letzter Stelle steht die formale Ursache, von deren Produktion und Verbindung mit der Materie der Effekt resultiert.

Betrachtet man die Arten von Ursachen in Bezug auf den Effekt, stellt man fest:

1-Die finale Ursache ist in ihrer eigenen Natur edler als der Effekt. Denn der Zweck ist als Zweck höher als das Mittel, und der Effekt hat die Funktion eines Mittels zur Erreichung des Zwecks, den der Agent anstrebt.

2-Die Haupteffizienzursache ist edler oder zumindest gleichwertig dem Effekt, da nichts einer anderen Sache mitteilen kann, was es selbst nicht hat.

3-Die materielle und formale Ursache sind, wenn sie zusammen betrachtet werden, genauso edel oder perfekt wie der Effekt, mit dem sie identisch sind. Wenn jedoch jede für sich betrachtet wird, sind sie dem Effekt unterlegen, da sie einen Teil dessen ausmachen.

Es gibt daher bei der Produktion von etwas das Zusammenspiel mehrerer Ursachen und nicht nur einer. Andererseits können Ursachen sich gegenseitig beeinflussen, wie dies bei Ermüdung der Fall ist, die Ursache für gute Gesundheit ist und umgekehrt, wenn auch nicht auf die gleiche Weise, da "eine das Ende und die andere den Anfang der Bewegung ist.[15]

Alle Ursachen haben also die Aufgabe -jeweils unterschiedlich- in der Produktion oder Existenz eines Effekts zu spielen. Sie üben daher gegenseitigen Einfluss aufeinander aus. Die materielle Ursache liefert der Form das einzige Subjekt, in dem sie existieren kann; die Form gibt ihr im Gegenzug ihre Wirkung, die es ihr ermöglicht, als solche zu existieren; der Zweck (in intentione) bewegt die effiziente Ursache, die wiederum den Zweck (in executione) erreicht.[16]

3. DIE EFFIZIENTE URSACHE

Die effiziente Ursache ist das, was durch ihre Handlung auf die Produktion oder Existenz eines Seienden Einfluss ausübt. Ihre Kausalität besteht in ihrer Handlung.[17]

Zwischen der effizienten Ursache und ihrem Effekt besteht keine reine Abfolge. So folgt der Tag der Nacht und umgekehrt. Aber weder ist der Tag die effiziente Ursache der Nacht, noch umgekehrt.

Es genügt auch nicht, dass zwei Dinge notwendig miteinander verbunden sind, um zu behaupten, dass es eine effiziente Ursache gibt. Denn sie können diese Verbindung haben, weil sie gleichzeitig und notwendigerweise von einem dritten stammen, ohne dass das eine die Ursache des anderen ist. So geschieht es mit dem Licht und der Wärme, die von der Sonne stammen.

Es ist nicht notwendig, dass zwischen der effizienten Ursache und ihrem Effekt eine Abfolge oder Dauer der Zeit besteht, da der Effekt gleichzeitig mit der Ursache auftreten kann. So existiert die Wärme gleichzeitig mit dem Feuer und das Licht mit der Sonne.

Die effiziente Ursache erschöpft nicht das Wesen des Effekts. Dennoch spielt die effiziente Ursache eine wichtige Rolle. Von ihr kommt aktiv der erste Anstoß -der primus motus- für die Existenz des Effekts und gleichzeitig für die Verwirklichung der materiellen und formalen Ursachen. Sie ist der erste Beweger für das Werden.[18]

Um eine effiziente Ursache zu haben, muss ein Seiende in sich den ausreichenden Grund für ein neues Seiende oder eine neue Art des Seiende durch eine physische Handlung enthalten, die tatsächlich oder virtuell in dem Seiende enthalten ist, das als Ursache bezeichnet wird.

Diese Definition kann in den folgenden Worten zusammengefasst werden: Principium extrinsecum cujus actio physica continent rationem suficientem entis vel mutationis de novo existentis (Ein äußerliches Prinzip, dessen physische Handlung die hinreichende Begründung für das Seiende oder die Neuentstehung des Seienden enthält). *In der Definition steht principium extrinsecum, um die materiellen und formalen Ursachen auszuschließen, die interne Prinzipien des Effekts sind: actio physica wird verwendet, um die Handlung und den Einfluss von der finalen Ursache zu unterscheiden, die auf den Effekt durch eine moralische Handlung und einen moralischen Einfluss auf den Agenten wirkt.*[19]

Die Hauptteilungen der effizienten Ursache sind wie folgt:

1-**Erste Ursache**: ist diejenige, die keine andere voraussetzt. **Zweite Ursache**: ist diejenige, die eine andere voraussetzt. Beide können absolut oder relativ gesehen Erste oder Zweite Ursachen sein. Zum Beispiel ist Gott absolut die Erste Ursache, weil er keine andere voraussetzt. Adam ist die Erste Ursache nicht absolut, sondern in Bezug auf die Abfolge der Menschen auf dieser Welt. Jede geschaffene Ursache ist in absolutem Sinne die Zweite Ursache, da sie Gottes Ursache als Erste Ursache voraussetzt. Der Mensch A ist die Zweite Ursache im relativen Sinne, da er nicht nur die Ursache von Adam voraussetzt, sondern auch die von Mensch B.

2-**Hauptursache**: ist diejenige, die durch eine ihr angeborene und dauerhafte Kraft einen Effekt bewirkt oder produziert. Zum Beispiel, die Hitze in Bezug auf das Feuer, die Intelligenz oder der Verstand in Bezug auf den Menschen. **Instrumentalursache**: ist diejenige, die den Effekt aufgrund der von der Hauptursache empfangenen Bewegung oder Kraft beeinflusst, wie es beim Pinsel in Bezug auf die Malerei der Fall ist.

3-**Ursache an sich** *(per se)*: produziert den beabsichtigten Effekt. Zum Beispiel ist das Feuer an sich die Ursache der Verbrennung, der Maler ist die Ursache des Gemäldes an sich. ***Per accidens* oder akzidentelle Ursache**: Der Effekt tritt außerhalb der natürlichen oder willentlichen Absicht des Agenten auf. Zum Beispiel, wenn das Feuer ein Gebäude verbrennt und der Ort, an dem es sich befand, später zu einem Platz wird.

Die Zerstörung des Gebäudes ist der Effekt an sich des Feuers, der Platz ist der akzidentelle Effekt. Das Schicksal, der Zufall, das Glück usw. sind akzidentelle Effekte im Zusammenhang mit einer Ursache, obwohl sie immer an sich auf eine andere zurückzuführen sind.

4-**Freie Ursache**: ist diejenige, die durch Wahl und vorheriges Wissen des Effekts mit der Befugnis und Unabhängigkeit, die Handlung auszuführen oder nicht auszuführen, oder zumindest den Endpunkt der Handlung, handelt. Die Bewegung des Arms erfolgt frei durch den Menschen, zum Beispiel. **Notwendige Ursache**: ist diejenige, die aufgrund einer notwendigen Bestimmung der Natur oder des operierenden Seins handelt. Zum Beispiel das Feuer in Bezug auf die Verbrennung.

5-**Vollständige oder adäquate Ursache**: ist diejenige, die nicht auf die Mitwirkung oder Zusammenarbeit einer anderen effizienten Ursache angewiesen ist, um den Effekt zu erzeugen. Zum Beispiel Gott in Bezug auf die Erschaffung der Welt oder der Mensch in Bezug auf eine Statue. Dennoch ist nur Gott in absolutem Sinne die vollständige Ursache. Alle anderen Ursachen, obwohl sie in ihrer Gattung oder in der Ordnung der zweiten Ursachen vollständig sind, stehen im Verhältnis zu Gott als partiell. **Partielle oder unangemessene Ursache**: ist diejenige, die einen Effekt durch die Mitwirkung oder Zusammenarbeit einer anderen Ursache derselben Ordnung, dh der zweiten Ursachen, hervorbringt. Zum Beispiel, wenn ein Pferd einen Wagen mit Hilfe anderer Pferde zieht.

6-**Universale oder equivoke Ursache**: Wenn die aktive Kraft der effizienten Ursache so umfassend ist, dass sie die Produktion von verschiedenartigen Effekten beeinflusst, wie die Sonne in Bezug auf Pflanzen und Tiere. **Partikuläre oder univoke Ursache**: Wenn hingegen die Wirksamkeit oder Effizienz der effizienten Ursache sich nur auf die Produktion von Effekten derselben Art wie die Ursache.

7-**Physische Ursache**: ist diejenige, die die Existenz des Effekts durch physische Handlung beeinflusst und bestimmt und sich unmittelbar auf den Effekt bezieht. **Moralische Ursache**: ist diejenige, die die Produktion des

Effekts durch eine Handlung des intellektuellen Bereichs beeinflusst, die sich nicht unmittelbar auf den Effekt, sondern auf den Agenten oder die physische Ursache richtet. So ist der Maler die physische Ursache des Gemäldes; derjenige, der dem Maler befahl oder empfahl, dieses Gemälde oder diese Malerei zu machen, ist seine moralische Ursache.

Wir können, Collin folgend, einen anderen Ansatz zur Klassifizierung der effizienten Ursache versuchen:[20]

1-Aus der Sicht ihrer Verbindung zum Effekt

1.1.Wesentlich *(per se)*: Wenn der erzeugte Effekt der natürlichen Aktivität der Ursache entspricht.

1.2.Akzidentiell *(per accidens)*: Wenn der erzeugte Effekt das Ergebnis von akzidentellen Umständen ist, die die Handlung der Ursache begleiten, sei es von Seiten der Ursache oder des Effekts. Dazu gehören Effekte, die dem Zufall, dem Glück oder dem Schicksal zugeschrieben werden. In ihnen ist der eigentliche Effekt der Ursache tatsächlich auf unvorhergesehene Weise mit dem Effekt verbunden, der von einer anderen Ursache erzeugt wird. Zum Beispiel: Ein Mann, der auf dem Feld arbeitet, findet "akzidentiell" einen Schatz. Das Akzidentielle ist die unerwartete Begegnung der Ergebnisse der Aktivität zweier Reihen von unabhängigen partiellen effizienten Ursachen. Das Akzidentielle existiert für diejenigen, die diese beiden Reihen von unabhängigen effizienten Ursachen und ihre Konvergenz nicht kennen; nicht jedoch für Gott, dessen Allwissenheit unendlich ist.

2-Aus der Sicht ihrer Unterordnung

2.1.Hauptursache. Die den Effekt aufgrund ihrer eigenen Aktivität erzeugt.

2.1.1.Erste Ursache. Unabhängig von jeder anderen in der Ausübung ihrer Kausalität. Das gilt nur für Gott.

14

2.1.2.Zweite Ursache. Die von einer oder vielen anderen in der Ausübung ihrer Kausalität abhängt, um von der Potenz zur Akt als Ursache zu gelangen. Dies ist bei allen geschaffenen Ursachen der Fall.

2.2.Instrumentalursache. Die ihren Effekt unter der Wirkung einer Hauptursache erzeugt, von der sie die Möglichkeit erhält, einen übergeordneten Effekt zu erzielen, wenn sie ihre natürliche Aktivität ausübt. Zum Beispiel: Ein Pinsel kann mit Farbe getränkt werden und Farbe an eine Wand bringen. Aber es bedarf einer Person, die ihn manipuliert, um den Effekt in der Realität zu verwirklichen. Nur die Handlung einer Person, die ihn aus seiner Trägheit herausnimmt, ihn mit Farbe tränkt und ihn auf eine Wand aufträgt, macht es möglich, die Wand zu streichen. Der Effekt stammt vollständig von der Hauptursache und der Instrumentalursache, wobei eine Unterordnung und keine bloße Koordination der Instrumentalursache gegenüber der Hauptursache besteht.

3-Aus der Sicht ihrer Vollkommenheit

3.1.Gesamtursache. Die in ihrer Ordnung den gesamten Effekt erzeugt.

3.2.Teilursache. Die den Effekt in Koordination mit einer anderen Ursache derselben Ordnung erzeugt. Zum Beispiel, ein Pferdegespann, das einen Wagen zieht.

3.3.Einheitliche Ursache. Die Effekte ihrer gleichen Art erzeugt und nichts anderes tut, als aufgrund einer zufälligen Anordnung von Zeit oder Ort irgendeine Form, die sie physisch oder kognitiv besitzt, an ein anderes Subjekt weiterzugeben. Zum Beispiel: Eine rollende Kugel stößt eine andere an; ein heißer Körper erwärmt einen anderen; das Tier zeugt Wesen seiner eigenen Art; usw.

3.4.Analogursache. Die aufgrund ihrer natürlichen Aktivität Effekte erzeugt, die ihrer ähnlich sind, aber einer niedrigeren Ordnung angehören und im Wesentlichen von ihr abhängig sind. In der Wirkung ist nur eine begrenzte Teilhabe an der Vollkommenheit der Ursache vorhanden, so dass diese Vollkommenheit der Ursache und der Wirkung nicht auf eine einzige Weise, sondern nur nach einem bestimmten Verhältnis, analog, zugeschrieben werden kann. Die analoge Ursache, die in der Lage ist, viele Effekte unterschiedlicher Art zu erzeugen, wird auch als universale Ursache bezeichnet, im Gegensatz zur spezifischen Ursache. Zum Beispiel: Gott, Ursache aller Geschöpfe.

3.5.**Vom Werden** *(in fieri)*. Die nur die Substanzform oder Akzidentellform, die sie besitzt, an ein anderes Subjekt weitergibt, das sie dann unabhängig von ihrem aktuellen Einfluss beibehalten kann. Dies ist der Fall des Bildhauers in Bezug auf die von ihm geschaffene Statue; dies ist auch der Fall des Vaters in Bezug auf das Kind, das nach ihm überleben kann.

3.6.**Der Existenz** *(in esse)*. Eine kontinuierliche Wesensursache, von der die Existenz eines Effekts in seiner aktuellen Existenz abhängt. Dies ist der Fall von Gott in Bezug auf die Geschöpfe; dies ist der Fall der Sonne in Bezug auf das durch die Atmosphäre verbreitete Licht.

3.7.**Perfektiv Ursache**. Die mit ihrer Handlung die Vollkommenheit erreicht, die sie natürlich in das Subjekt einführen kann.

3.8.**Dispositive Ursache**. Die nur eine letzte Anordnung in das Subjekt einführt, die von ihr, sofern keine Hindernisse von anderer Seite vorliegen, die entsprechende Vollkommenheit verlangt. So sind die Eltern Ursachen der letzten Anordnungen, die die Infusion einer Seele in die von ihnen geschaffene Keimzelle erfordern. Sie sind Ursachen (in fieri) des menschlichen Wesens, der Vereinigung von Materie (Körper) und Form (Seele), aus der ein Mensch entsteht.

Die effiziente Kausalität in den Geschöpfen

Die Art und Weise, wie die effiziente Kausalität in den Geschöpfen verwirklicht wird, besteht darin, dass ein Seiende ein anderes substantiell oder akzidentiell durch seine Handlung verändert. Das erste wird als Beweger, Agent, aktive Potenz oder einfach als effiziente Ursache bezeichnet. Und das zweite als Subjekt, Bewegliches, Leidendes oder passive Potenz. Die Veränderung, sei es substantiell oder akzidentiell, ist der erzeugte Effekt.

Es setzt also eine reale Unterscheidung zwischen dem Agens und dem Patienten voraus.

Lassen Sie uns nun die Tatsache der effizienten Kausalität selbst analysieren:

1-**Beim Agens**. Ursachen handeln gemäß dem, was sie sind. Sie können nur die substantiellen oder akzidentellen Vollkommenheiten übertragen, die sie besitzen. Nicht mehr. Sie strahlen das Sein aus, soweit sie es besitzen. Die Geschöpfe verursachen nur aufgrund ihrer begrenzten Vollkommenheiten. Nur Gott selbst erzeugt das Sein als sein eigenes Ergebnis. Nur Er kann erschaffen.

2-**Beim Patienten**. Das Subjekt muss nicht nur zumindest teilweise vom Agens unterschieden sein, sondern auch fähig sein, seine Handlung zu erleiden.. Und dies umso mehr, je schwächer die Ursache ist. Zum Beispiel: Der sanfte Wind, der ein Blatt bewegen kann, kann keinen Baum bewegen. Daher ist die Vollkommenheit des Effekts nicht nur durch die Schwäche der Ursache begrenzt, sondern auch durch die Unwilligkeit des Subjekts, auf das sie wirkt.

3-**Bei der Ausübung ihrer Kausalität selbst**. Als solche ändert sich die Ursache überhaupt nicht und erleidet keine Abnahme, wenn sie ihre Kausalität ausübt. Der Agens wirkt auf das Patienten, das von der Potenz zur Aktualität übergeht (außer im Fall der Schöpfung, wo es aus dem Nichts ins Sein übergeht). Die Ursache verarmt nicht durch ihr Wirken und verliert nichts von sich, indem sie es dem Subjekt-Effekt gibt. Dieses Prinzip ist in den intellektuellen Substanzen absolut. Bei den Körpern beobachten wir, dass der Agens manchmal einen Verlust an seinem Sein erleidet. Zum Beispiel: Heißes Wasser schmilzt Eis, kühlt sich jedoch gleichzeitig ab. Formal verliert das heiße Wasser seine Wärme nicht, indem es sie dem Eis mitteilt. Es erfährt in seinem Sein jedoch die Wirkung desselben. Der Agens, das Patienten, die Ursache und das Subjekt sind in einer einzigen und selben Bewegung vereint, die für das Seiende, das verursacht, eine Handlung und für das Verursachte eine Leidenschaft ist.

4-Beim notwendigen Kontakt zwischen Agent und Patient. Es gibt keine Fernwirkung, weder im Raum noch in der Zeit. Es tritt im Raum nur auf, wenn es eine fortlaufende Reihe von festen, flüssigen, gasförmigen oder ätherischen Vermittlern gibt, die nacheinander aufeinander wirken. Es tritt nicht in der Zeit auf: Wenn die Ursache aufhört zu wirken, hört ihr eigener Effekt auf. Sie könnte durch die Effekte, die sie bewahren und ihre Wirkung verlängern, handeln. Zum Beispiel: Die fertige Statue überlebt den Bildhauer. Der Marmor benötigte den Bildhauer, um zur Statue zu werden, aber nicht, um diese künstliche Form nach Erhalt zu bewahren. Dazu braucht er ihn nicht, seine natürliche Härte, die Zusammenhalt seiner Teile usw., genügt.

Jeder Effekt hängt von seiner Ursache ab, solange der Grund seiner Abhängigkeit besteht. Dies gilt sowohl für die effiziente Ursache als auch für andere Arten von Ursachen.

Die vollkommene effiziente Ursache

Alle effizienten Ursachen sind unvollkommen, weil sie ihrerseits verursacht und bewegt werden. Nur Gott verwirklicht die effiziente Kausalität auf vollkommene Weise.

Die vollkommene effiziente Ursache hat folgende Merkmale:

1-Sie ist unmittelbar. Sie handelt durch ihre Substanz. Sie ist selbst ihre Handlung. Sie handelt nicht durch verschiedene Kräfte als sich selbst und ihre Handlungen.

2-**Sie ist intelligent**. Sie besitzt das ideale Muster und kennt das Ziel der von ihr erzeugten Geschöpfe.

3-**Sie ist analog**. Auf eminente Weise in der Einfachheit ihrer Wesenheit besitzt sie die Vollkommenheit all ihrer Effekte. Es wäre widersprüchlich, wenn sie ein Sein ihrer eigenen Natur, nämlich ein Unverursachtes, reine Wirklichkeit, erzeugen würde.

4-**Sie ist total**. Sie benötigt keinen vorherigen Träger, kann jedoch die Aktivitäten natürlicher Agenten als partielle Instrumente verwenden.

Diese thomistische Konzeption steht direkt im Gegensatz zur Konzeption von Spinoza, der eine formale Identität zwischen Ursache und Wirkung fordert und daraus ableitet, dass Gott die immanente und nicht transzendente Ursache der Dinge ist, wobei seine Werke in ihm bleiben und er in seinem Werk verbleibt (Pantheismus).[21]

4. DIE FINALE URSACHE

Das Zweck ist das, mit dem etwas, sei es ein Seiendes, ein Sein oder eine Handlung, abgeschlossen wird. Der Agens hört auf zu handeln, wenn er es erreicht. Das Zweck drückt daher das Ende der willentlichen Absicht des Agens aus, die dreifach sein kann:

1-**Das gewünschte Objekt**. Dieses versucht man mit seiner eigenen Handlung zu erwerben oder zu realisieren

2-**Das Subjekt**, für das dieses Objekt oder Gut gewünscht wird

3-**Der Besitz** dieses Gutes selbst

Zum Beispiel möchte der Bergsteiger ein Gut erreichen, nämlich den Gipfel eines Berges, und er möchte es für sich, um das Klettern und die Schönheit zu genießen und die Freude, die er beim Erreichen haben wird.

Die finale Ursache ist das gewünschte Ziel, für das die effiziente Ursache sich darauf vorbereitet, ihre Aktivität auszuüben, um es zu realisieren, falls es noch nicht existiert, oder um es zu erwerben, wenn es bereits existiert. Man kann sie wie folgt definieren: ***Das, wofür man etwas tut***.[22]

Jedes Agens handelt mit einem Zweck.

(...) Die finale Ursache ist die Ursache der Ursachen, da sie die effiziente Ursache bewegt, und diese wiederum führt die materialen und formalen Ursachen aus.[23]

Während die effiziente Ursache den Effekt durch die Handlung beeinflusst, die ihn erzeugt, wirkt die finale Ursache auf den Effekt, indem sie den Agens und auf sich zieht. Das heißt, sie erzeugt in ihm eine gewisse Zufriedenheit und den Wunsch, den Effekt zu besitzen.

Die reale oder scheinbare Güte in der finale Ursache ist es, die das Agens dazu bewegt, die effiziente Ursache zu setzen. Das Agens handelt, um das zu erreichen, was es subjektiv als gut betrachtet, auch wenn es objektiv nicht gut ist. Zum Beispiel zieht ein Schatz die Diebe als finale Ursache an, nicht als effiziente Ursache ihrer Bewegungen.

Die Vielfalt in Bezug auf die Art und Weise, wie das Ziel erkannt wird, bestimmt die Vielfalt in Bezug auf die Art und Weise, wie gehandelt wird, um es zu erreichen.

Es gibt Agenten, die handeln, ohne das Ziel zu kennen, auf das sie abzielen. Dieses Ziel ist jedoch nicht unbekannt für den Urheber der Natur, der ihnen die Fähigkeit und die Neigung verliehen hat, es zu erreichen. In diesem Sinne handeln sie.

Es gibt andere Agenten, die das Ziel, für das sie handeln, kennen, aber auf unvollkommene Weise. Dies ist bei Tieren der Fall, die wissen, was gut oder schlecht, nützlich oder schädlich ist, aber ohne das universelle Wissen über das Gute oder Schlechte, Nützliche oder Schädliche.

Schließlich gibt es Agenten, die vor der Handlung ein vollkommenes Verständnis des Ziels haben, seiner Beziehung zu verschiedenen Mitteln und der universellen Gründe für das Gute und Schlechte. Diese Erkenntnis ist nur bei den intellektuellen Sein zu finden, denen daher ausschließlich das Handeln *propter finem* mit aller Eigentümlichkeit und Perfektion zukommt.

Aufteilung der finalen Ursache

Die Zwecke unterscheiden sich:

1-**Von der Aktivität**. Das heißt, was die Aktivität der effizienten Ursache aufgrund ihrer eigenen Natur zu erreichen sucht.

2-Vom Agenten, der die Aktivität ausführt. Das heißt, von der Absicht, die die intelligente effiziente Ursache dazu bewegt, eine solche Handlung auszuführen.

So kann beispielsweise die Almosen, die von Natur aus dazu dient, die Bedürfnisse des Armen zu lindern, gegeben werden, um Gott Ehre zu erweisen oder die Gunst der Menschen zu gewinnen.. Zum Beispiel kann das Almosen, das von Natur aus darauf abzielt, die Bedürfnisse der Armen zu lindern, gegeben werden, um Gott zu ehren oder sich die Gunst der Menschen zu sichern.

3-Vom letzten Zweck, der für sich selbst in einer Reihe von Handlungen (relativ letzter Zweck) oder in ihrer Gesamtheit (absolut letzter Zweck) gesucht wird.

4-Vom nächsten Zweck, der für sich selbst gesucht wird, aber einem anderen untergeordnet ist. Zum Beispiel ist der relativ letzte Zweck eines Pilgers, an der ersten Raststätte anzukommen, um auszuruhen und Kräfte zu sammeln. Sein absolut letzter Zweck ist es, zum ersehnten Heiligtum zu gelangen, um zu beten und Gott zu ehren. Während der Wallfahrt besteht sein nächster Zweck darin, zielstrebig zu gehen und die Entfernung zu verkürzen, die ihn von seinem letzten Zweck trennt, dem Heiligtum.

5. DAS KAUSALITÄTSPRINZIP

Die Natur handelt nicht ohne vernünftigen Grund und umsonst. Aristoteles.[24]

Wir alle haben Erfahrungen mit der Kausalität gemacht. Auch wenn wir niemals Metaphysik gelesen haben, verstehen wir, was eine Kausalbeziehung ist, weil wir sie im Alltag erleben.

Ich sehe, wie ein Objekt ein anderes in Bewegung setzt. Ich nähere meinen Finger der Flamme und, wenn ich ein brennendes Gefühl spüre, erkläre ich, dass die Flamme ihre Ursache war. Das tägliche Leben besteht nur aus solchen Feststellungen. Sicherlich kann ich mich bei der Zuordnung von Ursachen irren, weil die sinnlichen Daten komplex und schwer analysierbar sind, aber es gibt klare Hinweise auf einfache Abhängigkeiten, besonders in meiner Erfahrung meiner bewussten Aktivität, die ich kaum in Frage stellen kann: Ich sehe meinen Arm heben, und tatsächlich hebe ich ihn; und ich bin überzeugt, dass ich die Ursache der Bewegung meines Arms war.[25]

Die Idee von Ursache und Kausalität stammt aus unserer sinnlichen Erfahrung. Sie ist keine angeborene Idee. Der Übergang vom Sein zum Nichtsein, den wir in der extramentalen Realität wahrnehmen, informiert uns über Seiende, die Seiende hervorbringen; Seiende, die ihr Sein von anderen erhalten haben. Wir begreifen, dass das Sein nicht aus dem Nichtsein stammt. Dass kein Seiendes sich selbst sein Sein geben kann. Mit anderen Worten, die Realität informiert uns über Ursachen und Wirkungen. Dass bestimmte Seiende -Ursachen- anderen Seienden - Wirkungen- ihr Sein verleihen. Dass bestimmte Seiende -Wirkungen- in ihrem Sein von anderen Seienden -Ursachen- abhängen.

Die Begriffe Ursache und Wirkung sind sicherlich nicht die ersten, die der Mensch erwirbt. Sie setzen die Ideen vom Sein, Nichtsein, Gegensatz, Identität und den höchsten ontologischen Prinzipien voraus. Aber sie sind nicht aus diesen Ideen und Prinzipien ableitbar, weil sie, wie Sankt Thomas bemerkt, ein neues und unterschiedliches Element enthalten, das gewordene Sein. Daher können sie nur aus dem Werden -motus- abgeleitet werden, das nichts anderes als der Weg vom Nichtsein zum Sein ist.[26]

Die Metaphysik geht daher von der menschlichen Erfahrung aus, um das Prinzip der Kausalität zu formulieren. Dies kann folgendermaßen ausgedrückt werden: **Was entsteht, hat eine Ursache.**

Und dies, wie Sankt Thomas in der *Summa Theologica* sagt:

Omne quod fit, habet causam.[27]

Weder Aristoteles noch Sankt Thomas von Aquin hinterließen uns ein umfassendes Traktat über die Kausalität. Sie entwickelten ihre Gedanken, während sie sich mit anderen Themen beschäftigten. Wir können sie auf zwei Hauptinteressengebiete reduzieren:

1. Das der Kausalität in der Wissenschaftstheorie
2. Das der Kausalität im Studium Gottes (transzendente Kausalität)

Die erste dieser Ausarbeitungen stammt praktisch vollständig von Aristoteles, während die zweite ihre volle Entfaltung mit dem Heiligen Thomas erfuhr.

Aristoteles legt seine Lehre hauptsächlich in den *Analytica Posteriora* und in *Physik* Buch II dar. Wir können sie in den folgenden Punkten zusammenfassen:

1-Wissenschaft ist Wissen durch Ursachen: *Scientia est cognitio per causas.*

Die Ursache ist das eigentliche Prinzip wissenschaftlicher Erklärung. Sie beantwortet das "Warum", das wir formulieren. Sie bewegt sich auf der Ebene der Realität und nicht nur auf der streng logischen Ebene. Sie ist mit dem Sein als *esse*, Existenz, verbunden. Durch Ursachen zu wissen, bedeutet, die konkrete Realität zu verstehen.

2-Die kausale Erklärung in den Wissenschaften kann entlang von vier Kausalitätslinien erfolgen. Dies ist die klassische These des Aristotelismus par excellence. In den Naturwissenschaften müssen die vier Arten von Ursachen berücksichtigt werden: materielle, formelle, effiziente und finale. In der Mathematik arbeitet man mit der formalen Ursache. In der Metaphysik mit den formalen, effizienten und finalen Ursachen.

3-Es ist notwendig, zwischen zwei Ebenen zu unterscheiden: der Ebene des objektiven Seins und der Ebene der Erklärung. Betrachtet man die Ebene des objektiven Seins, so ist die Ursache das, was tatsächlich das Sein gibt, und zwar entsprechend den verschiedenen Arten von Ursachen. Betrachtet man die abgeleitete Ebene der Erklärung, so ist die Ursache das, was den Grund für jedes Seiende liefert, und zwar ebenfalls gemäß den vier möglichen Linien der kausalen Erklärung.

In Bezug auf die Kausalität in der theologischen Erklärung ist zu beachten, dass das ontologische Konzept der Ursache in der Erforschung Gottes auf transzendente Weise realisiert wird.

Das zentrale Problem, das den Metaphysiker beschäftigt, ist der Nachweis der Existenz Gottes. Aristoteles hatte diesen Nachweis in den Büchern VII und VIII der Physik und im Buch V der Metaphysik entwickelt. Es handelt sich um das Argument des ersten Bewegers, das, losgelöst von seinen kosmologischen Implikationen, der Grund für den thomistischen Nachweis ist. Der Heilige Thomas wird weitere Argumente hinzufügen. Sie werden als die **Fünf Wege** (quinque viae) zur Existenz Gottes bekannt sein.

Wie wir zur Kausalität stehen, bestimmt unsere Weltanschauung. In diesem Sinne können wir zwei Haltungen beschreiben.

Die erste führt zur **phänomenalen oder phänomenistischen Kausalität**. Sie basiert auf dem Denken der Sukzession. Kausalität wird als eine bloße Abfolge von Erscheinungen oder Phänomenen verstanden.

Es handelt sich um eine einfache Beziehung von Phänomenen, die regelmäßig aufeinander folgen. Ein Phänomen wird als Vorläufer eines anderen betrachtet. Es gibt keine Ursache-Wirkung-Beziehung, sondern Vorher-Nachher. Aber ein Phänomen als solches impliziert nicht notwendigerweise ein anderes. Der Gedanke, dass sie notwendigerweise miteinander in Beziehung stehen, ist der Subjektivität des Individuums zuzuschreiben, nicht einer Auferlegung einer extramentalen Realität.

Der historische Ursprung dieses Denkens liegt im **Nominalismus**. Tatsächlich haben Wilhelm von Ockham (1285-1347), Nikolaus von Autrecourt (1299-1369) und Kardinal Peter d'Ailly (1351-1420) das Prinzip der Kausalität in Frage gestellt.

Und sein Vorgehen war nicht unlogisch. Wenn es nur das Singuläre gibt und nur das Singuläre in den Dingen erkannt werden kann, wenn es also kein quidditatives Wissen gibt, kein essentielles Wissen über das Ding, wie es immer und notwendigerweise ist, dann verstehen wir das Ding selbst nicht, sondern kennen es nur in seiner singulären Erscheinung.[28]

Diese Linie wurde von den Empirikern John Locke (1632-1704) und David Hume (1711-1776) fortgesetzt. Für Hume ist Kausalität lediglich eine regelmäßige zeitliche und räumliche Abfolge von Phänomenen, für die es keine objektiv fundierte Notwendigkeit gibt. Das Prinzip der Kausalität besitzt nur synthetischen Wert. Ein unverursachtes Werden ist für ihn denkbar.

Dieses Konzept der Kausalität wurde auch vom Positivismus gepflegt.

Immanuel Kant (1724-1804) hingegen betrachtete das Vorhandensein einer reinen Kausalität der Sukzession. Er erkennt das Prinzip, betrachtet es jedoch als eine *a priori* intellektuelle Kategorie von synthetischer Natur, nicht analytisch.

Mit der Schule von Hegel brach die ontologische Kausalität vollständig zusammen, und der Phänomenalismus etablierte sich im zeitgenössischen Denken.

Die zweite Haltung führt zur **ontologischen oder metaphysischen Kausalität**. Es ist die Kausalität des Seins. Die Ursache gibt das Sein, und ist daher aktiv. Die Wirkung empfängt das Sein und ist daher passiv. Es beschreibt eine reale Abhängigkeit zwischen Ursache und Wirkung, so dass die Wirkung ihr Sein von der Ursache empfängt. Ohne diese Abhängigkeit gibt es keine metaphysische Kausalität.

(...) es setzt voraus, dass wir nicht nur zwei Dinge in ihrer zeitlichen und räumlichen Manifestation wahrnehmen, sondern auch die Natur einer substanzhaften Sache in ihrer spezifischen Aktivität und Operation: die Sache an sich. Mit der Verneinung des abstrakten Wissens der Wesen der Sache, des universale in re, fällt die gesamte metaphysische Kausalität. (...) Da jedoch das, was das Sein gibt -die Ursache- letztendlich nichts anderes sein kann als eine Substanz, steht diese ontologische Kausalität, wie M. Wartenberg sehr gut bemerkt hat, in notwendiger Verbindung mit dem Begriff der Substanz.[29]

Diese Kausalität hat nichts mit zeitlicher Abfolge zu tun. Stattdessen handelt es sich immer um einen Prozess, ein Hervorgehen des Effekts aus der Ursache. In diesem Sinne ist die Ursache ein Prinzip in Bezug auf den Effekt. Kausalität ist eine bestimmte Art von Prozession: Sie impliziert die Abhängigkeit des Seins, da sie die Entstehung des Seins eines Dinges durch ein anderes Dinges impliziert.

Ist die Kausalität ein Erstes Prinzip? Beansprucht sie einen Platz neben dem des Widerspruchs, der Identität und dem des Ausgeschlossenen Dritten? Die Meinungen dazu sind unterschiedlich. Es ist offensichtlich, dass sie diese Prinzipien voraussetzt. Sie leitet sich nicht von ihnen ab, sondern hängt von ihnen als übergeordneten kriteriologischen Normen ab.

Das Prinzip der Kausalität ist analytisch.

Ohne seine Gültigkeit zuzugeben, kann es nicht einmal geleugnet werden, da seine Leugnung einen Verneiner als Ursache voraussetzt. Haben wir hier nicht den ausdrucksvollsten Beweis für seinen direkt einleuchtenden, das heißt analytischen Charakter? Vielleicht ist dies auch der Grund dafür, dass die Alten es nicht einmal zu den Ersten Prinzipien zählten. Für sie war es offensichtlich. Ohne tiefgehende Beweise anzuführen, schrieb der göttliche Plato: Es ist offensichtlich, dass alles, was entstanden ist, eine Ursache haben muss.[30]

Es gibt eine echte Unterscheidung zwischen Ursache und Wirkung.

Die Ursache als Geber des Seins steht zur Wirkung als Empfänger des Seins, wie das Aktuelle zum Potenziellen, und diese sind immer wirklich verschieden. Nicht nur das. Da die Ursache aufgrund ihrer Kausalität ein neues Sein produziert, das genau die Wirkung ist, müssen Ursache und Wirkung zwei numerisch verschiedene Wesen und Naturen besitzen.[31]

Nur für das Prinzip der Kausalität gibt es einen indirekten Beweis: denjenigen, der es leugnet, dazu zwingen, das Prinzip des Widerspruchs zu verneinen. Es handelt sich um die *reductio ad Principium Contradictionis*.

In strengem Sinne können alle Ersten Prinzipien *per absurdum* bewiesen werden, also indirekt. Das Gleiche gilt für das Prinzip der Kausalität. Beachten Sie, dass, wenn etwas sich selbst produzieren würde, es entitativ und gleichzeitig sein und nicht sein würde. Ein Widerspruch. Eine direkte Verletzung des Prinzips der Widersprüchlichkeit.

Wir können auch die Vernünftigkeit des Prinzips mit mindestens drei Argumenten rechtfertigen:

1-Gemäß der Veränderung oder dem Werden. Die aristotelische Formel des Prinzips der Kausalität besagt, dass alles, was bewegt wird, von einem anderen bewegt wird. Um es metaphysisch zu erklären, müssen wir die Lehre von Akt und Potenz anwenden. Angenommen, die Bewegung ist offensichtlich, dann ergibt sich, dass jede Bewegung ein Übergang von Potenz zum Akt ist. Nun kann ein Seiende in Potenz nur durch ein Seiende im Akt bewirkt werden. Darüber hinaus kann kein Seiende sowohl im Akt als auch in Potenz unter dem gleichen Begriff sein, daher kann der Übergang von Potenz zu Akt nur unter der Wirkung eines Seienden im Akt erfolgen. Dieses andere Seiende ist die Ursache der Bewegung, die als Effekt die Potenz aktualisiert.

2-**Gemäß der Kontingenz**. Ein Seiendes, das nicht durch sich selbst ist, ist notwendigerweise durch ein anderes Seiendes. Alle Seienden, über die wir experimentell verfügen, sind kontingent. Jedes von ihnen ist eine Zusammensetzung von *essentia* und *esse*. Das *esse* wird zur *essentia* hinzugefügt und bringt das Seiende in die Existenz. Nun kann das, was unterschiedlich ist, nicht von selbst eine Einheit bilden, es sei denn, eine äußere Ursache greift ein. Das Kontingente, in dem immer eine solche Vereinigung unterschiedlicher Elemente stattfindet, erfordert daher notwendigerweise eine Ursache.

3-**Prinzip des ausreichenden Grundes**. Die gleiche Schlussfolgerung ergibt sich, wenn wir das Prinzip der Kausalität als eine Anwendung des Prinzips des ausreichenden Grundes betrachten. Jedes Seiende, das seine Ursache nicht in sich selbst hat, hat sie in einem anderen Seienden. Nun ist das kontingente Seiende ein solches Seiende: seine Existenz hat keine Grundlage in seinem Wesen. Daher hat das kontingente Seiende seine Ursache in einem anderen, das heißt, es ist verursacht.

6. MÖGLICHKEIT, DIE EXISTENZ GOTTES NACHZUWEISEN

Unter Gott verstehen wir ein höchstes Sein, das von sich aus mit absolut notwendiger Existenz existiert und von dem die Gesamtheit oder Universalität der Seiende abhängt, die nicht Er selbst sind.[32]

Dies ist eher eine nominale als eine reale Definition, da das Wesen und die Attribute des Seins, das definiert werden soll, noch nicht untersucht wurden.

Einige behaupten, die Existenz Gottes zu beweisen, sei nutzlos, weil es offensichtlich ist, dass Gott existiert. Andere hingegen sagen: Das ist nutzlos, weil wir nicht wissen können, ob Gott existiert. Man musste nicht auf Pascal warten, um zu schreiben: *Wenn es einen Gott gibt, wäre er unendlich unverständlich, und wir könnten weder wissen, was er ist, noch ob er existiert.*

Diejenigen, die behaupten, dass die Erkenntnis Gottes offensichtlich ist, sagen:[33]

1-Dass Dinge, deren Erkenntnis uns von Natur aus angeboren ist, von selbst offensichtlich sind, wie zum Beispiel die Ersten Prinzipien.

Sankt Thomas antwortet, dass, obwohl es wahr ist, dass der Mensch von Natur aus das erkennt, was er von Natur aus begehrt, dieser Akt nicht genau als das Wissen bezeichnet werden kann, dass Gott existiert. Zum Beispiel werden sie sagen: Wir kennen Gott natürlich, weil wir uns zu ihm neigen, wie zu unserem Ziel. Sankt Thomas gibt dieser Behauptung bis zu einem gewissen Grad und in einem gewissen Sinne Recht. Es ist wahr, dass der Mensch von Natur aus zu Gott neigt, da er nach seinem Glück sucht, das Gott ist. Dennoch kann er sich sehr wohl nach seinem Glück sehnen, ohne zu wissen, dass sein Glück Gott ist. Er bewegt sich, um ein falsches Glück zu erreichen. Tatsächlich suchen einige Reichtum, andere Macht, andere Vergnügen ... Zu wissen, dass ein Mann kommt, bedeutet nicht, Peter zu kennen, auch wenn es Peter ist, der kommt. Auf die gleiche Weise bedeutet das Wissen um ein Gut, auf das man abzielt, nicht das Wissen um Gott, obwohl Gott das höchste Gut ist, auf das man abzielt.

Es gibt nichts Angeborenes in unserem Wissen über die Existenz Gottes. Sankt Thomas betont, dass das, was in uns angeboren ist, nicht die Kenntnis davon ist, dass Gott existiert, sondern das natürliche Licht der Vernunft und ihre Prinzipien, durch die wir von seinen Wirkungen auf Gott als erste Ursache schließen können.[34]

2-Dass Dinge, die bei Nennung ihres Namens sofort identifiziert werden, von selbst offensichtlich sind. Zum Beispiel die Ersten Prinzipien. Nachdem man weiß, was das Ganze und was der Teil ist, weiß man sofort, dass das Ganze größer ist als sein Teil. Aus diesem Grund folgt nach dem Verstehen der Bedeutung des Namens "Gott" sofort, dass Gott existiert. Mit dem Namen Gott wird das größtmögliche vermittelt, was verstanden werden kann. Und das, was in der Realität und im Verständnis gegeben ist, ist größer als das, was nur im Verständnis gegeben ist. Wenn man die Bedeutung des Namens "Gott" verstanden hat, die im Verständnis vorhanden ist, muss man folgern, dass Gott auch in der Realität existiert. Daher ist Gott von selbst offensichtlich.

Auf diese Aussage antwortet der engelhafte Doktor: Es ist wahrscheinlich, dass jemand, der das Wort "Gott" hört, nicht versteht, dass damit das größtmögliche gemeint ist, was gedacht werden kann. Tatsächlich glaubten einige fälschlicherweise, dass Gott ein Körper sei. Oder die Welt. Selbst wenn jemand die Bedeutung dessen versteht, was mit dem Wort "Gott" gesagt wird, folgt jedoch nicht zwangsläufig, dass er versteht, dass die Bedeutung dieses Namens in der Realität vorhanden ist, sondern nur im Verständnis des Verstandes. Es kann auch nicht abgeleitet werden, dass es in der Realität existiert, es sei denn, man setzt voraus, dass es in der Realität etwas gibt, das nicht größer gedacht werden kann. Dies wird jedoch von denen, die behaupten, dass Gott nicht existiert, nicht akzeptiert.

3-Dass die Existenz der Wahrheit von selbst offensichtlich ist: Wer leugnet, dass die Wahrheit existiert, sagt, dass die Wahrheit existiert. Gott ist die gleiche Wahrheit. Das Sein ist eins, gut und wahrhaftig an und für sich. Und Gott ist das Sein an und für sich. Daher ist es offensichtlich, dass Gott von selbst existiert.

Auf diese Aussage kann geantwortet werden, dass die Wahrheit im Allgemeinen von selbst existiert, offensichtlich ist; aber dass die Existenz der absoluten Wahrheit für uns nicht offensichtlich ist.

Sankt Thomas bringt drei Gründe vor, um diese Position in Frage zu stellen:[35]

1-Es erscheint ihm beleidigend für die Dialektik und die Logik, sich von den Wirkungen zu den Ursachen erheben zu müssen.

2-Er lehnt sie im Namen der Integrität der Wissenschaft ab. Wenn man durch diese letzte nichts Übersinnliches erreichen kann, dann folgt zwangsläufig, dass die Naturwissenschaft die höchste Wissenschaft ist, und das ist nicht leicht zu verstehen (Vergleiche *Kommentare zur Metaphysik* IV, Lektion V). Ebenso ergibt sich, dass die intellektuelle Potenz, soweit sie sich von den vorstellenden und sinnlichen Potenzen unterscheidet, kein wirklich eigenes Objekt mehr hat (Vergleiche *Summa contra Gentiles* I, Kapitel 20 Nr. 5).

3-Man sieht die größten Philosophen bemüht, den Beweis für Gott aufzustellen: Warum, wenn die Anstrengung vergeblich ist, haben sie ihre Macht verschwendet?

Es gäbe keine Atheisten, wenn die Existenz Gottes so offensichtlich wäre, dass sie nicht bewiesen werden müsste (...) Es ist unerlässlich, sie zu beweisen, da in Ermangelung einer intuitiven Erfahrung Gottes seine Existenz nur am Ende einer auf seinen Wirkungen beruhenden Induktion behauptet werden kann.[36]

Lassen Sie uns die Gründe derer, die die Nutzlosigkeit des Beweises behaupten, analysieren: 37-38

1-Gott ist die erste Wahrheit, und die erste Wahrheit kann nicht bewiesen werden, ohne *ad infinitum* zu verfahren. Diese Behauptung ist falsch. Es ist wichtig, zwischen der Wahrheit *in essendo* und der Wahrheit *in cognoscendo* zu unterscheiden. Gott ist die erste Wahrheit *in essendo*, weil er die unendliche Wahrheit ist, das wahrhaftige Sein. Aber er ist nicht die erste Wahrheit *in cognoscendo* für den Menschen. Denn die erste Wahrheit in diesem Sinne ist das Prinzip des Widerspruchs oder, wenn Sie so wollen, die ersten Prinzipien oder Sätze der unmittelbaren Evidenz. Es wird von der ersten Wahrheit in diesem Sinne gesagt, dass sie unvermittelbar ist (siehe *Summa Theologica* I, q.2 a.1 Resp.).

2-Jeder Beweis beruht immer auf einer Definition. Wenn die Existenz Gottes bewiesen werden sollte, müsste man folgern: Gott ist so und so. So und so existiert, also existiert Gott. Nun ist Gott undefinierbar, daher kann das obige Argument nicht aufgestellt werden. Die Grundlage des Beweises liegt im Seienden. Aber von Gott können wir nicht wissen, was er ist, sondern nur, was er nicht ist. Da wir nicht wissen, was Gott ist, können wir auch nicht wissen, was vorhanden sein muss, um seine Existenz zu beweisen. Die Prämissen der Realität, aufgrund derer wir zu Gott gelangen, können ihn nicht ausdrücken. Daher erreichen sie Gott nicht wirklich. Wozu dient also der Beweis?

Sankt Thomas antwortet in der *Summa Theologica* I, q.2 a.2 auf diesen Einwand. Er erinnert daran, dass es zwei Arten von Beweisen gibt: einen, der zu einem Tatsachenurteil führt *(quia est)*, und einen, der zur Ursache zurückgeht *(propter quid est)*. Nur in letzterem Fall können wir mit Wahrheit sagen, dass die Definition erforderlich ist, um die Existenz des Objekts festzustellen. Aber im ersten Fall ist dies nicht notwendig: Als Ausgangspunkt genügt eine Wirkung, um die Existenz einer Ursache nachzuweisen. Die Natur dieser Wirkung spielt in diesem *quia*-Beweis die gleiche Rolle wie die Definition *im propter quid*-Beweis. Man könnte beispielsweise sagen: Eine Sonnenfinsternis ist die Eindringung eines

Himmelskörpers in einen kreisförmigen Schatten. Und dieser kreisförmige Schatten -die Wirkung- dient dazu, dass es im Himmel eine entsprechende Ursache gibt. Der Ausgangspunkt des Arguments ist eine definitionsgemäße Benennung, keine Definition der Sache selbst. Dies gilt auch im Fall Gottes.

Es ist also nicht notwendig, die wesentliche Definition Gottes zu kennen, oder dass es überhaupt eine gibt. Es reicht aus, dass wir uns auf die Bedeutung des Wortes "Gott" verständigen. Dann kann das Argument folgendermaßen argumentieren: Die erste Ursache der Bewegung der Sein wird Gott genannt; die erste Ursache der Ordnung; die erste Ursache des Guten, des Wahren, usw. Nun, eine solche Ursache ist oder existiert: daher existiert Gott. Was in diesem Syllogismus bewiesen werden muss, ist die geringere Prämisse, und die Analyse des Geschaffenen kann ausreichen.

3-Wenn versucht wird, zu Gott als Ursache durch seine Wirkungen zu gelangen, denkt man nicht daran, dass, wenn Gott existiert, er unendlich ist - zumindest verstehen es die Philosophen, deren These Sankt Thomas verteidigt. Nun, zwischen dem Unendlichen und seinen vermeintlichen Wirkungen kann keine Maßverhältnis bestehen. Wenn man beispielsweise sagt: Es gibt in der Welt Ordnungseffekte, also gibt es einen souveränen Ordnungsschöpfer. Wenn Ordnungsschöpfer etwas Ähnliches wie einen Demiurgen meint, könnte man ein Argument auf dieser Grundlage aufstellen. Aber wenn es darum geht, zum Unendlichen zu gelangen, ist die Grundlage wackelig; denn das Unendliche könnte keine bestimmte Beziehung, wie die, die wir suchen, mit irgendetwas aufrechterhalten, ohne aufzuhören, das Unendliche zu sein.

Wir stimmen überein: Aus Wirkungen, die nicht im Verhältnis zu ihrer Ursache stehen, kann die Ursache nicht vollständig erkannt werden. Aber sie kann als ausreichende Ursache nachgewiesen werden. Das reicht aus. Ein beliebiger Effekt von Wärme beweist nicht die Existenz der Sonne, da das Wort "Sonne" eine bestimmte Sache bezeichnet, die durch Elemente definiert wird, die von ihrer Qualität als Wärmequelle verschieden sind. Wenn jedoch die erste Ursache der Wärme als Sonne bezeichnet wird, würde selbst der geringste Effekt davon ausreichen, um die Existenz dieses Himmelskörpers zu beweisen. Dies ist der Fall bei Gott. Wir nennen Gott die erste Ursache in allen Bereichen der beobachteten Effekte. Daher genügt es zu beweisen, dass eine solche Ursache unter bestimmten definierten Bedingungen erforderlich ist, damit die Aussage **Gott existiert** von selbst nachgewiesen wird (siehe *Summa Theologica* I, q.2 a.2 obj.3 und resp. a las obj.3).

4-Wenn Gott existiert, dann existiert er aus sich selbst. Das bedeutet: Seine Wesen muss als identisch mit seinem Sein konzipiert werden. Aber da jene unzugänglich ist, gilt das Gleiche auch für dieses. Daher kann "weder was es ist, noch ob es existiert" erkannt werden.

Von der Existenz Gottes zu sprechen, bedeutet, dies auf einer Ebene zu tun, die sich von der Existenz der Geschöpfe unterscheidet. Gott besitzt das Sein nicht als eine Eigenschaft: Gott ist das Sein. Er teilt das Sein nicht gemeinsam mit seinen Geschöpfen. Er besitzt es in sich selbst und aus sich selbst und gibt es nur weiter. Wenn Gott das Sein wie seine Geschöpfe besäße, könnten wir nicht behaupten, dass Gott die Quelle und der Ursprung des Seins ist.

Was wir meinen, wenn wir sagen, dass Gott ist, ist einfach die Wahrheit einer Aussage; das Wort "Sein" ist einfach eine Kopula. Es ist bekannt, dass das Wort "Sein" in diesem Sinne keinen eigenen Inhalt hat. Es wird tatsächlich für alles verwendet, einschließlich des Nichts und sogar der Privation, wie wenn gesagt wird: die Blindheit existiert, das Nichts ist minderwertiger als das Sein.

Das Sein Gottes und damit seine Wesen müssen nicht vom Verstand erfasst werden, um die Aussage "Gott ist" wahr und streng nachgewiesen zu sein. Es genügt, dass auf dem gewählten Gebiet für den Beweis, sei es das der Bewegung, der Ordnung, der Wahrheit oder allgemein das des Seins, die Notwendigkeit eines letzten Grundes und somit einer ersten Ursache auferlegt wird. Die vorgeschlagene Aussage ist daher wahr, ohne dass Gott in sich selbst oder sogar als Sein definiert wird; sie definiert ihn nur als Prinzip, unter der Schirmherrschaft und ausschließlich durch seine Wirkungen.

5-Die Schwierigkeit ist auch im Bereich des Wissens gegenwärtig. Wir wissen aus der Erfahrung; unsere Erfahrung entspringt dem Sinnlichen: Wie können wir, wenn wir uns im Sinnlichen bewegen, zu transzendenten Ursachen gelangen? Gott, wenn er existiert, befindet sich notwendigerweise außerhalb dieser Art von sinnlichen Objekten und kann daher nicht erreicht werden, um seine Existenz zu behaupten.

Die Schwierigkeit wäre unüberwindlich, wenn unsere Aussagen über Gott und vor allem die erste von ihnen, dass Gott existiert, eine Brücke zwischen dem Sinnlichen und dem Nichtsinnlichen, zwischen dem an sich Erkennbaren und dem an sich Unkenntlichen aufbauen würden. Die Aussagen über Gott und sogar die Aussage, dass Gott ist, drücken nur Erfahrungsannahmen aus und beabsichtigen nicht, Gott als solchen zu benennen.

Die Erkenntnis Gottes ist *a posteriori*

A priori wird die Wirkung durch die Ursache nachgewiesen. *A posteriori* wird die Ursache durch ihre Wirkung nachgewiesen. Der Nachweis der Existenz Gottes ist ein *a posteriori*-Beweis.

*Wir erinnern uns hier nur daran, dass für Sankt Thomas, obwohl die Existenz Gottes der Inhalt einer **per se notum secundum so**-Aussage ist, die an sich selbst evident ist, ist sie nicht **per se notum quoad nos**, also nicht evident für uns. Genau deshalb muss seine Existenz nachgewiesen werden. Und dies muss durch Beobachtung und vernünftige Reflexion über diese Erfahrung geschehen. Gott wird uns zumindest durch seine Effekte bekannt, daher erfordert sein Nachweis, oder die Nachweise, a posteriori zu erfolgen. Nur auf diese Weise können wir eine ausreichende Vorstellung von Gott haben, die klarer ist als das Bild von Gott, das in der Seele als Ausdruck des in allen Menschen angelegten Wunsches nach Glückseligkeit eingeprägt ist.*[39]

Es ist möglich, *a posteriori* die Existenz Gottes nachzuweisen. Hierfür sind drei Bedingungen erforderlich und ausreichend:

1-Es muss wirklich Effekte der Ursache geben, deren Existenz nachgewiesen werden soll

2-Diese Effekte müssen eine notwendige Verbindung zur Ursache haben, die durch sie nachgewiesen werden soll

3-Sowohl die Realität der Effekte als auch ihre notwendige Beziehung oder Verbindung zur Ursache muss vom Vernunft klar erkannt werden

---

Sätze, die aufgrund der Bedeutung ihrer Begriffe ohne weitere Überlegung klar und evident sind, sind solche, bei denen es genügt, die Bedeutung der Begriffe zu erkennen, um zu sehen, dass das Prädikat zur Essenz des Subjekts gehört. Das ist bei den Ersten Prinzipien der Fall. Gehört die Aussage **Gott existiert** zu dieser Kategorie? Nein, weil die menschliche Vernunft nicht sofort die Wahrheit einer solchen Aussage erkennt. Daher erreicht die menschliche Vernunft nicht die sichere und vernünftige Kenntnis der Wahrheit dieser Aussage, ohne eine Beweisführung.

Die philosophische Begründung dafür ist folgende: Wir kennen die Wesen Gottes nicht. Wir besitzen nur eine sehr unvollkommene Vorstellung von ihr. Um sie zu klären, müssen wir wissenschaftliche Untersuchungen durchführen, die uns einige der göttlichen Attribute enthüllen. Die gegenwärtige Existenz gehört zur Wesen Gottes. Unter dieser Bedingung ist die Aussage **Gott existiert** in ihrer objektiven Realität evident. Aber nicht in Bezug auf uns. Für die menschliche Vernunft ist sie nicht evident, sondern erfordert Anstrengung seitens des Verstandes.

Sankt Thomas fasst dies meisterhaft in der *Summa Theologica* I, q.1 a.1 zusammen:

Eine Sache kann auf zwei Arten offensichtlich sein: einerseits in sich selbst, aber nicht für uns; andererseits in sich selbst und für uns. Eine Aussage ist offensichtlich, weil das Prädikat in der Wesen des Subjekts enthalten ist, wie "Mensch ist ein Tier", da Tier in der Wesen des Menschen enthalten ist. Wenn daher die Wesen des Prädikats und des Subjekts allen bekannt ist, wird die Aussage für alle offensichtlich sein, wie dies im Zusammenhang mit den ersten Prinzipien der Demonstration der Fall ist, deren Begriffe allgemeine Dinge sind, von denen niemand unwissend ist, wie Sein und Nichtsein, Ganzes und Teil und ähnliches. Wenn jedoch einige gibt, denen die Wesen des Prädikats und des Subjekts unbekannt ist, wird die Aussage in sich selbst offensichtlich sein, aber nicht für diejenigen, die die Bedeutung des Prädikats und des Subjekts der Aussage nicht kennen. Daher geschieht es, wie Boethius sagt (Hebdom., dessen Titel lautet: "Ob alles, was ist, gut ist"), "dass es einige geistige Konzepte gibt, die nur für die Gelehrten offensichtlich sind, wie dass unkörperliche Substanzen nicht im Raum sind." Daher sage ich, dass diese Aussage "Gott existiert" an sich selbst offensichtlich ist, denn das Prädikat ist dasselbe wie das Subjekt, weil Gott Sein eigenes Sein ist, wie später gezeigt wird (q.3, a.4). Da wir jedoch die Wesen Gottes nicht kennen, ist die Aussage für uns nicht offensichtlich, sondern muss durch Dinge nachgewiesen werden, die uns bekannter sind, aber weniger in ihrer Natur bekannt sind - nämlich durch Wirkungen.[40]

Im Hinblick auf die Ordnung der Existenz betrachten wir zuerst die Existenz der Wirkungen, selbst wenn wir die Existenz Gottes leugnen. Daher können wir die Existenz Gottes nach der Anerkennung der Existenz seiner Wirkungen behaupten. Dies bedeutet, dass, obwohl einige die Existenz Gottes verneinen mögen, wir dennoch die Existenz der von ihm stammenden Wirkungen anerkennen, was uns die Möglichkeit gibt, die Existenz Gottes zu bestätigen.

In Bezug auf die Ordnung des Wissens: Gott, wenn er in sich selbst betrachtet wird, ist besser geeignet, von unserem Verstand gekannt zu werden, er ist intelligibler als seine materiellen und sinnlichen Effekte.

Denn die Intelligibilität eines Objekts steht in Beziehung zur Unmateriellheit. Je mehr ein Objekt von den Bedingungen der Materie, ihrer Potenzialität und Unvollkommenheit entfernt ist, desto mehr Aktualität besitzt es und desto mehr Sein hat es, desto intelligibler ist seine Natur.

Allerdings, unter Berücksichtigung **der Begrenztheit und der Grenzen des Verstandes** und der Tatsache, dass der Ursprung unserer aktuellen Erkenntnisse die Sinne sind, deren eigenes Objekt materielle und sinnliche Dinge sind, müssen wir sagen, dass Gott **in Bezug auf uns** weniger erkennbar oder intelligibel ist als seine Effekte.

Die Effekte oder geschaffenen Seiende, die die Prämissen zur nachgewiesenen Existenz Gottes bilden, sind bekannter, klarer und evidenter als seine Ursache, die Gott ist. So sagen wir, dass sie, obwohl sie nach Gott und von ihm abhängig sind, in Bezug auf ihre Existenz vor Gott und Ursache von ihm sind, im subjektiven Wissen oder im Wissen, wie wir die Dinge wahrnehmen, denn wir kennen zuerst die Effekte und endlichen Phänomene, bevor wir Gott kennen, der ihre Ursache ist, und ihr Wissen ist die Ursache oder führt uns zur Erkenntnis ihres Schöpfers.[41]

7. BEWEIS FÜR DIE EXISTENZ GOTTES

Der Beweis für die Existenz Gottes wird metaphysischer Natur sein. Er wird nicht im wissenschaftlichen Sinne sein, wie es in der modernen Bedeutung des Begriffs verstanden wird, sondern im klassischen oder aristotelischen Sinne wissenschaftlich sein: Wissenschaft als Wissen durch die Ursachen. In diesem Fall nimmt die wissenschaftliche Gewissheit zu, je näher das liegt, was wir behaupten, den Ersten Prinzipien des Seins.

(...) Jede Behauptung, die nur auf die Zeugnisse der Sinne gestützt werden kann, hat nicht mehr Gewissheit als die physische Gewissheit, und jede Behauptung, die nur auf menschlichen Zeugnissen beruht, hat nicht mehr Gewissheit als die moralische Gewissheit. Daher verdient nach der traditionellen Philosophie die Metaphysik oder die Wissenschaft des Seins als Sein und der Ersten Prinzipien des Seins den Namen der höchsten Wissenschaft und ist mehr Wissenschaft als andere Wissenschaften. Der Beweis für die Existenz Gottes muss daher an sich strenger sein als der, den man heute oft wissenschaftlich nennt.[42]

Ein metaphysischer Beweis sollte also:

1-An sich strenger sein als jeder empirische Beweis.

2-Sich nicht nur darauf beschränken, uns zu erklären, warum die Welt einer unendlich vollkommenen Ursache bedarf, sondern uns auch erklären, warum sie gerade eine solche Ursache und keine andere benötigt.

3-Uns eine endgültige Erklärung für seine Aussagen geben und nicht nur vorläufige.

4-Auf unserer ersten Idee, der Idee des Seins, dem höchsten Prinzip unseres Verstandes, notwendig beruhen.

5-*A posteriori* sein. Wir haben keine unmittelbare Anschauung von der Existenz Gottes oder seinen Eigenschaften. Die Vielzahl analoger Begriffe, die wir von den Geschöpfen ableiten, auf die wir zurückgreifen müssen, um uns Gott vorzustellen, sind für uns ausreichender Beweis dafür, dass wir keine unmittelbare Anschauung von ihm haben. Daher muss unser Verstand komplexe Wege beschreiten, um seine Existenz zu beweisen. Der Beweis ist immer *a posteriori*, niemals *a priori*. Die Kenntnis der Wirkungen sollte uns zur Existenz der Ursache führen.

Letztendlich ist Beweisen, eine unbekannte Sache durch eine bereits bekannte Sache zu erkennen. Der Beweis kann *propter quid* (Beweis durch Ursachen) oder *quia* (Beweis durch Wirkungen) sein.

Es wurde nicht ausreichend beachtet, dass dieser a posteriori Beweis, oder der Beweis durch Wirkungen, nicht streng metaphysisch ist, wenn er nicht von der eigenen Wirkung zur eigenen Ursache führt, d.h. zur Ursache, von der die Wirkung notwendig und unmittelbar abhängt.[43]

Wenn es sich um einen Beweis handelt, der nicht von der eigenen Ursache stammt, ist dieser Beweis nicht streng.

Der heilige Thomas erklärt, was die **eigene Ursache** in seinem *Kommentar zur Metaphysik*, Buch V, Kapitel 2, Vorlesung 3 und im *Kommentar zu den Analytica Posteriora*, Buch I, Vorlesung 10 ist.

Die eigene Ursache ist diejenige, die von sich aus *(per se)* und unmittelbar als solche *(primo)* eine solche Wirkung erzeugen kann. Sie wird von ihrer Wirkung notwendigerweise und unmittelbar verlangt.

Sie unterscheidet sich von der akzidentellen Ursache. Zum Beispiel: Der Mensch zeugt den Menschen. Das ist der Fall der eigenen Ursache und ihrer Wirkung. Sokrates zeugt den Menschen. Es ist akzidentell, dass der Zeugende Sokrates ist.

Es unterscheidet sich auch von der unbedingt erforderlichen Ursache. Zum Beispiel: Um eine Skulptur zu schaffen, benötigt man einen

Bildhauer. Zu sagen, dass ein Künstler benötigt wird, ist eine vage und sehr allgemeine Ursache.

Die spezifischeren Ursachen sind die eigenen Ursachen der spezifischeren Effekte. So ist dieses Tier die eigene Ursache für die Entstehung dieses Lebewesens derselben Art, erklärt jedoch nicht das Vorhandensein des Tierlebens auf der Erde.

Die universelleren Effekte erfordern als eigene Ursache eine überaus universelle Ursache. Zum Beispiel: Ein sich bewegendes Objekt kann die Bewegung eines anderen Objekts verursachen. Aber jede Bewegung, die nicht ihre eigene Ursache in sich trägt, erfordert notwendigerweise einen "ersten universellen Beweger." Dieser steht über jeder Bewegung, von einer höheren Ordnung. Aus diesem Grund wird er als eine equivoke Ursache bezeichnet, da er einen Effekt erzeugt, der nicht derselben Art wie die Ursache ist.

Es gibt also eine eigene Ursache für die Bewegung oder das Erscheinen eines solchen individuellen Effekts und eine eigene Ursache für das eigene Sein und die Erhaltung des erzeugten Effekts. Nach Aristoteles' Beispiel ist der Architekt die eigene Ursache für den Bau des Hauses, und wenn er aufhört zu arbeiten, hört das Haus auf zu entstehen. Aber er ist nicht die eigene Ursache für das Sein dieses Hauses: Wenn er stirbt, hört das Haus nicht auf zu existieren. Daher sind die höheren universalen Ursachen nicht nur Produzenten, sondern auch Erhalter ihrer Effekte. Ihre Kausalität ist dauerhaft und immer aktuell. Dies gilt für die Kausalität Gottes.

Die eigene Kausalität wird im Prinzip der Kausalität metaphysisch formuliert, bezogen auf das Sein: **Was existiert, aber nicht von sich aus existiert, existiert durch etwas, das von sich aus existiert**.

Ein kontingentes Seiende kann seine hinreichende Ursache nicht in einem anderen kontingenten Seiende haben, dessen Existenz genauso akzidentell und unzureichend ist wie seine eigene. Beide Seiende erfordern ein notwendiges Seiende von höherer Ordnung.

Wenn wir vom Effekt zur Ursache aufsteigen, dürfen wir uns nicht in der Reihe akzidenteller Ursachen verlieren, sondern nur in der Ordnung notwendiger und aktuell untergeordneter Ursachen.

Der Grund, warum wir uns nicht ins Unendliche erstrecken können, ist, dass eine ausreichende Ursache benötigt wird. Selbst wenn die Serie von akzidentellen Ursachen, wie beispielsweise die Transformation der Energie, die Lebewesen, die menschlichen Generationen, die Bewegung, das Leben, die menschliche Seele, ins Unendliche in der Vergangenheit zurückverfolgt werden könnte, müsste immer noch eine Erklärung für sie gefunden werden. Die akzidentellen Ursachen genügen sich nicht selbst, sie sind genauso unzureichend wie die anderen. Das Verlängern ihrer Serie ändert nicht ihre Natur. Wie Aristoteles sagt, wenn die Welt ewig ist, ist sie ewig unzureichend und unvollständig; sie braucht ewig eine ausreichende Ursache, um real und verständlich zu sein. (Met., Buch XII, Kapitel VI). (Vgl. Sertillanges, Les preuves de l'existence de Dieu et l'éternité du monde, vier Artikel in der Revue Thomiste, 1897 und 1898).[44]

In der Serie von wesentlich untergeordneten Ursachen wird es notwendig sein, an etwas Halt zu machen, das als eigene Ursache benötigt wird, ohne mehr zu behaupten. Wir haben gesagt, dass eine eigene Ursache diejenige ist, die notwendigerweise *(per se)* und unmittelbar *(primo)* benötigt wird.

Nun gibt es notwendige, aber nicht unmittelbare Ursachen *(per se non primo)*. Zum Beispiel enthält die Essenz des Dreiecks die notwendige, aber nicht unmittelbare Ursache der Eigenschaften des ungleichseitigen Dreiecks. Diese Eigenschaften setzen notwendigerweise voraus, dass das ungleichseitige Dreieck ein Dreieck ist, aber die Eigenschaften des ungleichseitigen Dreiecks können nicht unmittelbar aus der Gattung Dreieck abgeleitet werden. Andernfalls würden sie für alle Arten von Dreiecken gelten und nicht nur für das ungleichseitige Dreieck *per se primo*. Dasselbe gilt für die metaphysische Kausalität. Das Verhältnis zwischen der eigenen Wirkung und der eigenen Ursache entspricht dem

Verhältnis zwischen der Eigenschaft und der Essenz, von der sie notwendig und unmittelbar abhängt. Zum Beispiel: "Der Mord bewirkt den Tod"; "Der Arzt heilt", "Der Sänger singt". Im Gegensatz dazu ist zu sagen: "Der Mensch singt" ein Beispiel für eine nicht unmittelbare Ursache. Zu sagen: "Der Arzt singt", ist ein Beispiel für eine akzidentelle Ursache, denn der singende Mensch ist nur akzidentell auch Arzt.

Andere präzisere Beispiele für eine eigene Ursache sind: Feuer wärmt, Licht erleuchtet, Farbe ist das bestimmende Prinzip (formaler Gegenstand) der Sicht, Klang ist der des Gehörs, das Sein ist der des Verstandes, das Gute ist der des Willens. Tatsächlich ist nichts sichtbar außer durch die Farbe, nichts hörbar außer durch den Klang, nichts intelligible außer in Bezug auf das Sein, nichts wünschenswert außer unter dem Gesichtspunkt des Guten. So ist das Sein an sich die eigene Ursache, nicht nur für diese Art des Seins, sondern für das Sein als solches in allen Seienden.

Wir können das bisher Gesagte wie folgt zusammenfassen:

1-Bei denen, die an Gott glaubten und versuchten, seine Existenz vor Thomas von Aquin zu beweisen, herrschte ein wesentliches Konzept vor. In diesen Positionen gibt es den Einfluss von Platon durch Augustinus. Wir könnten sagen, dass dies bis zu Aquin weit verbreitet war und in der Theologie und Philosophie vorherrschte. Die Existenz ist eine Funktion oder Akzidens des Wesens. Der Akt des Existierens wird nicht zur Wesen hinzugefügt und gibt ihr das Sein, indem er sie in die konkrete Realität bringt. Davon haben wir ausführlich in der *Einführung in die thomistische Metaphysik VI* gesprochen. Einige werden behaupten, dass Gott offensichtlich ist. Andere werden den Beweis auf ein einfaches Argument beschränken: Solange ich definiere, dass Gott ist, existiert er. Denn es kann nicht sein, dass er ist und nicht existiert. Wenn Gott ist, hat er eine Wesen, und wenn er eine Wesen hat, hat er Existenz. Diese Argumentation wurde auf alle Seienden angewandt, und folglich auch auf Gott.

Was Thomas von seinen Gegnern trennt, ist daher nicht die Schlussfolgerung, über die alle einig sind, sondern die Methode, sie zu rechtfertigen. Denn alle sind sich nicht nur einig, dass Gott existiert, sondern auch, dass das notwendige Existieren ihm von vollem Recht gehört; sie sind jedoch in einer Methodenfrage uneinig, die wiederum auf einer metaphysischen Frage beruht. Wenn man von der Wesen zur Existenz geht, muss man im Begriff Gottes den Beweis für seine Existenz finden; wenn man von der Existenz zur Wesen geht, muss man die Beweise für die Existenz Gottes verwenden, um den Begriff seiner Wesen zu konstruieren. Diese zweite Sichtweise ist die des heiligen Thomas.[45]

2-Thomas von Aquin ist kein Wesensphilosoph. Für ihn verleiht der Akt des Existierens dem Seienden das Sein. Daher kann ich die Existenz Gottes nicht erklären, indem ich diese Daten der gemeinsamen Seiende ignoriere. Ich kann ein Wesen kennen, aber das garantiert nicht, dass es existiert. Mein Wissen beginnt bei den Seienden durch sinnliche Erfahrung und die Intellektion des Verstandes auf der Suche nach ihren Wesen. Die Existenz Gottes wird ein demonstratives Gewissheit sein und keine Evidenz einer Intuition.

Wenn der Doktor von Hippo den biblischen Text auslegt, in dem Gott dem Mose seinen Namen offenbart: "Ich bin der, der ist", erklärt er ihn damit, dass der Herr "das höchste Wesen" ist, das sich von den anderen Wesen dadurch unterscheidet, dass es unveränderlich ist, während die anderen veränderlich sind. In dieser Perspektive ist das Problem der Existenz unwichtig; es genügt zu verstehen, dass die veränderlichen Dinge vergänglich und die unveränderlichen ewig sind, um überzeugt zu sein, dass Gott notwendig ist.[46]

8. EINWÄNDE GEGEN DEN BEWEIS FÜR DIE EXISTENZ GOTTES

Der Agnostizismus hat zwei Formen: empirisch und idealistisch. Jede von ihnen kann als nominalistisch bezeichnet werden.

Wir haben bereits über den Nominalismus in der *Einführung in die Thomistische Metaphysik II* gesprochen. Es sei nur daran erinnert, dass sein Ursprung auf Wilhelm von Ockham (1300-1349) zurückgeht. In dieser Schule war das Universale nur ein Name. Ein rein geistiges Konzept. Zu ihren Anhängern gehören auch Nikolaus von Autrecourt, Peter d'Ailly, Marsilius von Inghen, Gabriel Biel, usw. Sie greifen die Kategorien der Substanz und Qualität an, die sie als reine subjektive Konzepte betrachten. Sie lehnen das Kausalitätsprinzip ab. Das Prinzip des Widerspruchs wird auf eine einfache Konvention reduziert. Auf diese Weise bereiteten die Nominalisten den Boden für den modernen Subjektivismus.

Wir werden jede Form des Agnostizismus einzeln analysieren.

Einwand des empirischen oder sensualistischen Agnostizismus

Diese Strömung hat in David Hume (1711-1776) ihren originellsten und besten Vertreter. Sie wird auch von den englischen Positivisten John Stuart Mill (1806-1873), Herbert Spencer (1820-1903) und William James (1842-1910) sowie den französischen Positivisten Auguste Comte (1798-1857), Emile Littré (1801-1881) und ihren Schülern vertreten.

Die Empiristen lehnen ab:

1-Dass das Kausalitätsprinzip eine notwendige Wahrheit ist

2-Dass das Kausalitätsprinzip uns erlaubt, aus dem Bereich der Phänomene herauszutreten und zur ersten Ursache aufzusteigen

---

Die Philosophie beginnt mit dem Empirismus wirklich modern zu werden; tatsächlich erfolgt jetzt der radikale Bruch mit der aristotelisch-platonischen Metaphysik, die bis Leibniz die Geschichte der westlichen Philosophie dominiert hatte.[47]

Der Empirismus führt unausweichlich zum extremen Nominalismus: Alles, was nicht unmittelbar von den Sinnen erfasst wird, wird zu einer verbalen Entität. Ein reines Konzept.

Wir werden Hume heranziehen, um das Denken des Empirismus zu entwickeln. Wie bereits gesagt, ist er der beste Vertreter dieser Schule. Spätere Autoren wiederholen seine Ideen auf die eine oder andere Weise.

Hume bezieht sich nur auf die effiziente Kausalität. Das Materielle und das Formale erscheinen ihm als ungeeignete Ausdrucksformen. Das Finale hält er für reduzierbar auf das Effiziente.

Er lehnt die Materie ab. Die Substanz ist nur eine Verknüpfung von Ideen oder Vorstellungen. Sie ist nicht ontologisch, sondern psychologisch. Er glaubt, dass es nur Empfindungen gibt. Die Realität wird aus phänomenalen Erscheinungen ohne Substanz erklärt.

Was sich bereits in Locke angedeutet hatte, aber durch die Mäßigung seines Geistes in Schach gehalten wurde, denkt David Hume (...) konsequent bis zum Ende. Der Zweifel an der Metaphysik wird zum universellen Skeptizismus, der Geist wird nur noch sensualistisch und mechanistisch konzipiert, die Ethik nur noch als Utilitarismus.[48]

Er reduziert die Intelligenz auf die Sinne. Diese nehmen nur aufeinanderfolgende Phänomene wahr. Die Vorstellungskraft ist lediglich ein Bild, begleitet von einem gemeinsamen Namen. Dies ist die Essenz des empirischen Nominalismus. Alle allgemeinen Ideen sind tatsächlich nur individuelle Ideen, die sich auf einen allgemeinen Begriff beziehen. Dieser Begriff erinnert gelegentlich an andere individuelle Ideen, die an bestimmten Punkten der gegenwärtigen Idee ähnlich sind. Der allgemeine

Begriff ermöglicht es dem Geist durch Gewohnheit oder Brauchbarkeit, leicht von einem Bild zum anderen zu wechseln, was es erlaubt, die individuellen Merkmale einiger der Bilder zu vernachlässigen. Die Vorstellung der Ursache, wenn die Sinne nur aufeinanderfolgende Phänomene wahrnehmen, wird auf das gemeinsame Bild phänomenaler Abfolge reduziert, begleitet vom gemeinsamen Namen der Ursache. Alles andere wird als verbale Entität betrachtet. Die äußeren Sinne zeigen uns nur aufeinanderfolgende Phänomene und nicht Ursachen von anderen Phänomenen.

Hume erklärt in seinem *Essay über den menschlichen Verstand*:

Eine Kugel trifft eine andere, diese bewegt sich; die Sinne lehren uns nichts anderes... Ein einziger Fall, eine einzige Erfahrung, in der wir die Abfolge von zwei Ereignissen beobachtet haben, genügt nicht, um uns zu ermächtigen, eine allgemeine Regel aufzustellen und vorherzusagen, was in ähnlichen Fällen geschehen wird; es wäre zweifellos eine unverantwortliche Kühnheit, den gesamten Verlauf der Natur nach einer einzigen Erfahrung zu beurteilen, so genau und gewiss sie auch sein mag. Aber wenn wir in allen Fällen beobachtet haben, dass zwei Phänomene einander folgen und miteinander verbunden sind, haben wir keine Bedenken mehr, das eine als Ursache und das andere als Wirkung zu bezeichnen. Wir nehmen an, dass zwischen ihnen eine gewisse Beziehung besteht; wir schreiben dem ersten eine Macht zu, die es ermöglicht, das andere unfehlbar zu reproduzieren... Was hat also diese neue Idee der Beziehung hervorgebracht? Nur das Gefühl der Verknüpfung dieser Ereignisse in unserer Vorstellung und die Neigung, die Existenz des einen nach dem Erscheinen des anderen vorherzusehen.[49]

Woher stammt die Idee der der Ursache zugeschriebenen Macht, die das Ergebnis hervorzubringen vermag? Hume erklärt dies durch eine Verbindung, die zwischen den unbelebten Dingen und dem Gefühl des Widerstands oder des Anstrengungsgefühls entsteht, das wir erleben, wenn unser Körper die Bewegung verursacht oder sich ihr entgegenstellt. Er erklärt dies in demselben *Essay*:

Ein lebendes Sein kann die äußeren Körper nicht bewegen, ohne das Gefühl eines Aufwands zu erleben; ebenso empfängt jedes Tier einen Eindruck oder ein Gefühl des Aufpralls von jedem äußeren Objekt, das sich bewegt. Diese Empfindungen, die ausschließlich tierisch sind und aus denen wir keine Schlussfolgerung a priori ziehen können, sind wir dennoch bereit, auf unbelebte Objekte zu übertragen und anzunehmen, dass auch diese Objekte ähnliche Empfindungen haben, wenn sie Bewegung übertragen oder empfangen.[50]

Er argumentiert, dass wir keine Möglichkeit haben zu wissen, ob die freiwillige Anstrengung, die wir erfahren, tatsächlich die körperliche Bewegung verursacht, die ihr folgt. Auch diese gewollte körperliche Bewegung ist nicht unmittelbar das Ergebnis des Willens, da sie von einer langen Kette von Ursachen getrennt ist, von denen wir weder wussten noch wollten (Bewegungen bestimmter Muskeln, bestimmter Nerven usw.).

Nach Hume reduziert sich die Kausalität daher auf die Abfolge von zwei Phänomenen. Es sind wir, die dazu neigen zu glauben, dass diese Abfolge unveränderlich ist. Diese Neigung ist nur das Ergebnis einer Gewohnheit: Bisher wurden zufällige Ereignisse von anderen Ereignissen begleitet, aber nichts garantiert, dass es immer so sein muss.

Selbst wenn man annimmt, dass die Kausalität immer auf die Phänomene des Universums zutrifft, glaubt Hume, dass dies uns nicht dazu berechtigt, uns bis zu einer ersten Ursache zu erheben, die außerhalb des phänomenalen Welt liegt.

Hume hat die Kausalität nicht verneint, sondern sie auf andere Weise erklärt, indem er sagte, dass sie nur die unvermeidliche Assoziation von Ideen ist, dh die regelmäßige Abfolge von zwei Ideen. Alles reduziert sich darauf. Die Anhänger der Metaphysik, die in der Kausalität etwas Ontologisches sahen, wandten ein, dass dies gleichbedeutend damit sei, die Kausalität zu leugnen und dass daher keine Metaphysik mehr möglich sei, da wir nur noch Ideen oder Vorstellungen zur Verfügung hätten. Doch das beeindruckte Hume nicht, für den alle metaphysischen Bücher überflüssig waren.[51]

Widersprüchlicherweise unterstützt er am Ende seines Werkes *Die natürliche Geschichte der Religion* den Beweis für die Existenz Gottes, der aus der Ordnung der Natur abgeleitet ist. Er sagt:

Die Organisation der Natur insgesamt spricht von einem intelligenten Urheber; und es gibt keinen Philosophen, der nach reiflicher Überlegung für einen Augenblick sein Urteil über die ersten Prinzipien des Deismus und der natürlichen Religion aussetzen kann.[52]

Einwand des idealistischen Agnostizismus

Ihr bester Vertreter ist der deutsche Philosoph Immanuel Kant (1724-1804). Er leugnet nicht die Notwendigkeit des Kausalitätsprinzips, leugnet jedoch seinen ontologischen und transzendenten Wert. Die Idee der Kausalität ist nichts weiter als eine subjektive Form, die die sukzessive Erscheinung von Phänomenen in der Zeit verbindet. Die Vernunft kann nur Phänomene (Erscheinungen) und phänomenale Gesetze kennen.

Für Kant ist das Kausalitätsprinzip eines der synthetischen Prinzipien *a priori*. Er räumt Hume ein, dass die Aussage *alles, was geschieht, hat eine Ursache* nicht analytisch ist. Es ist ein Urteil, das wirklich das Wissen erweitert; es ist daher synthetisch, wird jedoch gleichzeitig *a priori* auferlegt. Kant formuliert es wie folgt: *Alle Veränderungen erfolgen gemäß dem Gesetz des Ursache und Wirkung.* Seine Gültigkeit erstreckt sich nur auf die phänomenale Welt und nicht auf das Ding an sich; und es berechtigt nicht dazu, alle Veränderungen auf eine Ursache einer anderen Art zu beziehen, die nicht auch eine Veränderung ist.

Das Prinzip der Kausalität in diesem Sinne postuliert immer ein vorheriges Phänomen, niemals eine absolute Ursache. Es lehnt jeden Beweis für die Existenz Gottes ab, wie ihn die traditionelle Metaphysik formuliert, die er als widersprüchlich und unmöglich betrachtet.

Er lehnt die Möglichkeit ab, dass die spekulative Vernunft die Existenz Gottes beweisen kann. Nur die praktische Vernunft führt uns dazu, es zu akzeptieren, nicht durch einen Beweis, sondern durch einen Akt freien Glaubens, durch einen rein vernünftigen Glauben, dessen Gewissheit subjektiv ausreichend ist, aber objektiv unzureichend.

Fazit

Der Phänomenalismus -sei er nun empirisch oder idealistisch- behauptet, dass das erste Objekt, das von unserem Verstand erkannt wird, die rohe Tatsache des Bestehens von Phänomenen ist. Es sagt uns:

Wenn etwas existiert, existiert etwas, aber vielleicht existiert überhaupt nichts, sondern alles wird, und das Werden ist seine eigene Ursache

Für diesen Nominalismus wäre ein kontingentes Werden ohne Ursache nicht widersprüchlich, sondern es wäre ein unintelligibles Faktum. Die Realität ist möglicherweise ein unintelligibles Faktum.

Von diesem Standpunkt aus ist die Vorstellung von Substanz die Vorstellung einer einfachen Sammlung von Phänomenen, die Kausalität wird als eine Abfolge von Phänomenen ohne eigentliche Produktion aufgefasst, die Persönlichkeit ist nur eine Gruppe von internen Phänomenen, die ohne unser Wissen bewusst zusammengefasst werden. Die Vernunft kann nichts anderes als Phänomene kennen, da sie nicht mehr wesentlich von den Sinnen abweicht.[53]

Sankt Thomas geht von der Akzeptanz der Ersten Prinzipien der Vernunft als ontologisch wertvollen Prinzipien aus, nicht nur als bloße Phänomene. Aus diesen Axiomen heraus findet unser Verstand den festen Boden, um Wissen ohne Widerspruch zu erlangen. Sie sind der Schlüssel, der es uns ermöglicht, die Wesen der sinnlichen Seienden intelligible zu machen. Neben diesen Ersten Prinzipien gibt es andere, die nicht die ersten sind, aber wesentlich sind, um das Denken richtig zu entwickeln: Das

Kausalitätsprinzip ist eines von ihnen. Die nicht die ersten sind, aber grundlegend sind, um das Denken richtig zu entwickeln: Das Prinzip der Kausalität ist eines von ihnen. Zusammen mit dem der Finalität wird es uns ermöglichen, die analoge Methode fruchtbar anzuwenden und uns zu Gott zu erheben, dem Gegenstand der Metaphysik (Theodizee).

Das Kausalitätsprinzip hat ontologischen Wert, weil es uns die Existenz kennen lässt, und es hat transzendenten Wert, weil es uns zu Gott führt. Wir bleiben nicht bei den Erscheinungen der Dinge stehen: Wir möchten sie an sich selbst kennenlernen, ihre Essenz durchdringen, ihre Existenz erklären, beantworten, ob es einen Gott gibt, ob er existiert und wie er ist.

9. DAS ONTOLOGISCHE ARGUMENT

Sankt Anselm wurde 1033 in Aosta in der Region Piemont geboren. Er ist als Anselm von Canterbury bekannt, nach dem Ort, an dem er Bischof wurde; Anselm von Aosta, nach dem Ort seiner Geburt; oder Anselm von Bec, nach dem Ort, an dem das Kloster war, in dem er Abt wurde. Er war der Erbe einer illustren Familie: Sein Vater Gondulf war ein lombardischer Adliger, und seine Mutter Ermenberga war eine Verwandte von Otto I. von Savoyen.

Seine Ausbildung oblag den Benediktinern. Nach Vorstudien in Burgund und Avranches trat er im Alter von 27 Jahren in das Benediktinerkloster Bec in der Normandie ein. 1063 wurde er Prior und 1078 Abt.

Er widmete sich der offenbarten Theologie und der Philosophie. Sein Buch über die Menschwerdung und Erlösung mit dem Titel "Cur Deus Homo" verdient als bedeutender Beitrag zur Entwicklung der ersten Erwähnung. Er trug auch zur Entwicklung der natürlichen Theologie bei.

Anselms Denken gehört zur Augustinischen Tradition. Seine Einstellung zum Wissen ist in dem Satz aus dem "Proslogion" zusammengefasst:

(...) Denn ich suche nicht zu verstehen, um glauben zu können, sondern ich glaube, um verstehen zu können. Denn ich glaube auch dies, dass ich, wenn ich nicht glaube, nicht verstehen kann.

Ähnlich wie Augustinus machte er keinen klaren Unterschied zwischen den Bereichen der Theologie und der Philosophie. Er dachte, dass ein Christ versuchen sollte, alles, was er glaubt, in dem Maße, wie es der menschlichen Vernunft möglich ist, rational zu verstehen und zu begreifen.

Im *Monologium* entwickelt er den Beweis für die Existenz Gottes, der auf den Graden der Vollkommenheit in den Geschöpfen basiert. Das

Argument basiert auf platonischer Inspiration und ist *a posteriori*. Die unterschiedliche Vollkommenheit, die in den Sienden beobachtet wird, spricht von einer höheren Vollkommenheit, auf die sie sich bezieht. Die verschiedenen Grade davon, sei es in Bezug auf Güte, Weisheit usw., führen zum absoluten Grad in Gott. Gleiches gilt für das Sein. Alles, was existiert, existiert entweder aus einem Grund oder aus keiner Ursache. Die zweite Annahme ist absurd. Alles, was existiert, hat also eine Ursache.

Bis hierhin handelt es sich sicherlich nur um ein Kausalitätsargument, aber Anselm führte ein platonisches Element ein, indem er sagte, dass, wenn es eine Vielzahl von existierenden Dingen gibt, die von sich selbst abhängig und unverursacht sein müssen, es eine Form des Seins gibt, an der sie alle teilhaben, und an diesem Punkt wird das Argument ähnlich wie zuvor skizziert. Impliziert ist, dass, wenn mehrere Seiende dieselbe Form besitzen, es ein einheitliches Seiendes geben muss, das diese Form ist. Es kann also nur ein letztes, selbstbestehendes Sein geben, und es muss das Beste, Höchste und Größte von allem sein.[54]

Im *Proslogium* entwickelt Anselm in Form eines Gebets an Gott das sogenannte "ontologische Argument". Damit wollte er alles beweisen, was wir über die göttliche Substanz glauben.

Er sagt, dass Gott das ist, außerhalb dessen nichts Größeres gedacht werden kann. Er ist das Größte von allem. Das heißt, er ist das absolut vollkommene Sein: das ist es, was Gott bedeutet. Aus diesem Grund muss er existieren. Nicht nur geistig, in Gedanken, sondern auch außergeistig. Er behauptet, dass Gott für uns offensichtlich ist und dass wir ihn intuitiv erkennen können. Daher bedarf es keines Nachweises der Existenz Gottes.

Die Hauptthese stellt einfach die Vorstellung von Gott dar, die ein Mensch von ihm hat, selbst wenn er seine Existenz leugnet. Die untergeordnete Prämisse ist klar, da, wenn etwas Größeres als alles, was gedacht werden kann, nur im Geist existieren würde, wäre es nicht das Größte, über das nachgedacht werden kann. Etwas Größeres könnte gedacht werden, nämlich ein Sein, das in der Realität außergeistig existiert und nicht nur in der Vorstellung.[55]

Wenn ein Sein, das wir Gott nennen, nur eine ideale Realität hätte, wenn es keine konkrete Existenz in der Realität hätte, könnten wir uns ein größeres Sein vorstellen, nämlich ein Sein, das nicht nur in unserer Vorstellung existiert, sondern auch in der objektiven Realität. Folglich: Die Idee Gottes als absolute Vollkommenheit ist notwendigerweise die Idee eines existierenden Seins. Niemand kann gleichzeitig die Idee Gottes haben und seine Existenz leugnen.

Das absolut vollkommene Sein ist ein Sein, dessen Wesen darin besteht zu existieren oder das notwendigerweise die Existenz impliziert, da sonst ein anderes, vollkommeneres Sein vorgestellt werden könnte; es ist das notwendige Sein, und ein notwendiges Sein, das nicht existiert, wäre ein Widerspruch in sich.

Wir müssen nur darüber nachdenken, was in der Idee des vollkommensten Seins enthalten ist, um zu dem Schluss zu kommen, dass Gott allmächtig, allwissend, allgegenwärtig, höchst gerecht und barmherzig usw. sein muss.

Was er unter dem Wesen oder Sein Gottes versteht, ist kein bloßes Konzept. Gott ist für ihn das Ganze der Wirklichkeit, die Gesamtheit des Seins, das Sein selbst, an dem alles teilhat. Er muss die Realität also nicht aus dem Konzept ableiten, sondern die Idee Gottes bedeutet genau die Realität selbst. Und wenn die "Idee" Gottes bereits die Realität selbst beinhaltet, muss sie nicht mehr abgeleitet werden.[56]

Sankt Thomas lehnt das ontologische Argument aus folgenden Gründen ab:[57]

1-Nicht alle verstehen unter Gott "die höchste Sache, die man denken kann". Tatsächlich haben viele der Alten behauptet, dass diese Welt Gott sei (*Summa contra Gentiles*, I, Kapitel 11).

2-Selbst wenn wir zugeben, dass die Bedeutung von "Gott" "das höchst vollkommene Sein" ist, folgt daraus nicht zwangsläufig, dass Gott existiert. Dies so zu denken, ist eine illegitime Überführung vom konzeptuellen in den existenziellen Bereich.

3-Es ist inakzeptabel, von einer Idee Gottes oder einer Definition des Begriffs "Gott" auszugehen und sofort zu dem Schluss zu kommen, dass Gott existiert. Die Aussage "Gott existiert" ist "an sich selbst" evident (in diesem Punkt stimmt er mit Anselm überein), aber sie ist nicht evident oder analytisch für das menschliche Verständnis, das sie nur mit Anstrengung und Anwendung erreichen kann.

4-Es ist kein Problem, sich ein Objekt vorzustellen, das perfekter ist als jedes andere, sei es ideal oder real, es sei denn, es wird zuerst zugegeben, dass in der Natur ein Objekt existiert, von dem kein größeres vorgestellt werden kann. In der Intelligenz zu sein, ist eine Sache. In der Realität der Natur zu sein, ist eine andere.

5-Schließlich dürfen wir nicht vergessen, dass Thomas von Aquin jegliche intuitive Erkenntnis der Realität ablehnt. Daher muss die Aussage "Gott existiert" bewiesen werden.

Es ist zu bemerken, dass der anselmische Beweis als gleichwertig betrachtet: das Größte vorzustellen als real existent und zu behaupten, dass es tatsächlich existiert. Nun, zwischen diesen beiden Geisteshaltungen besteht der ganze Unterschied zwischen der ersten Operation des Verstandes und der zweiten; vom reinen Konzept zum Existenzaussage. Was ich mir als existent vorstelle, behaupte deshalb nicht, dass es existiert. Die Behauptung platziert das Sein außerhalb seiner selbst; die Vorstellung platziert es abstrakt, nur innerhalb, in Form einer Spezifikation. In Bezug auf Gott wird offensichtlich, dass ihn "Der, der ist" zu nennen und ihn so vorzustellen, nicht gleichbedeutend ist mit der Behauptung seiner realen Existenz. Trotz der scheinbaren Paradoxie der Worte kann "Der, der ist" möglicherweise nicht existieren: zumindest müsste das Gegenteil nachgewiesen werden.[58]

10. EINFÜHRUNG IN DIE FÜNF WEGE

Der heilige Thomas beweist die Existenz Gottes, indem er seine bereits klassischen Fünf Wege formuliert *(Quinque Viae)*. Er geht von bestimmten allgemeinen Merkmalen aus, die alle Seienden aufweisen, und steigt auf fünf unterschiedlichen Wegen zu einem höchsten realen Sein auf. Er tut dies, geführt vom Licht des offensichtlichen Prinzips, dass das Mehr nicht aus dem Weniger entstehen kann, dass der Akt der Potenz vorausgeht; dass, um ein Seiendes von der Potenz zum Akt zu bringen, ein anderes Subjekt im Akt bereits vorhanden sein muss und letztendlich ein reiner Akt, der in keiner Potenz steht.

In jedem der Fünf Wege beginnt der heilige Thomas damit, in der ersten Aussage -der Major- die allgemeine Erfahrungstatsache darzulegen, von der aus er startet, und stellt dann in der zweiten -der Minor- das universelle Prinzip auf, das es ermöglicht, von dort aus zu Gott aufzusteigen, im Gegensatz zur logischen Reihenfolge der Deduktion. Dieses Verfahren betont den experimentellen Hintergrund dieser Argumente.[59]

Sie sind auf ihre wesentlichen Prinzipien reduziert in der *Summa Theologica* I q.2 a.3. Sie werden auch in der *Summa contra Gentiles*, Buch I, Kapitel 13, 15, 16 und 44 entwickelt, sowie in Buch 3, Kapitel 44. Sie können auch *De Veritate* q.5 a.2; *De Potentia* q.3 a.5; *Compendium Theologiae*, Kapitel III; *Kommentare zur Physik*, Buch VIII, Vorlesungen 2 und 9 und folgende; *Kommentare zur Metaphysik*, Buch XII, Vorlesung 5 und folgende, konsultiert werden.[60]

In der *Summa Theologica* werden sie in knapper und vereinfachter Form präsentiert. In der *Summa contra Gentiles* sind die philosophischen Beweise im Gegensatz dazu minutiös ausgearbeitet. In der ersten ist der Schwerpunkt hauptsächlich metaphysisch, in der zweiten liegt der Schwerpunkt hauptsächlich auf dem Physischen und bezieht sich oft auf sinnliche Erfahrungen.[61]

Zu den Merkmalen der Fünf Wege gehören:[62-63]

1-Es sind fünf Modellargumente, die universellsten. Alle anderen können auf sie zurückgeführt werden.

2-Sie haben den Charakter metaphysischer Argumente, im Sinne, dass sie alle von einem beliebigen geschaffenen Sein ausgehen können.

3-Sie sind den Gesetzen der Schöpfung entnommen, nicht im Hinblick auf das Sichtbare oder das Geistige, sondern im Hinblick auf das Geschaffene als solches. Jedes geschaffene Sein ist beweglich, verursacht, kontingent, zusammengesetzt, unvollkommen und relativ.

4-Der heilige Thomas wählt seine Beispiele bevorzugt aus den sinnlichen Effekten, wendet jedoch dieselben Beweise auf geistige Effekte, die Seele und ihre intellektuellen und freiwilligen Bewegungen, an.

5-Alle Wege können auf ein allgemeines Prinzip reduziert werden, auf das sie alle hinweisen: *Das Mehr entsteht nicht aus dem Weniger; das Überlegene erklärt nur das Minderwertige.*

Dies ist das Prinzip des gesunden Menschenverstands, auf dem die Fünf Wege basieren. Das verursachte Sein -das Weniger- stammt aus dem unverursachten Sein -dem Mehr-; das Kontingente -das Weniger- stammt aus dem Notwendigen -dem Mehr- usw. In der Welt gibt es Sein, Leben, Verständnis; daher, da das Weniger aus dem Mehr stammt, muss es ein höchstes Sein, ein höchstes oder vollkommenes Leben und ein vollkommenes Verständnis geben.

Daher versteht man:

-Das Werden kann nur vom vollständigen oder beendeten Sein kommen -Das verursachte Sein vom unverursachten Sein -Das Kontingente vom Notwendigen

> -Das Unvollkommene, das Zusammengesetzte, das Vielfache, vom
> Vollkommenen, vom Einfachen, vom Einen
> -Die Ordnung nur von einer Intelligenz

6-Sie sind als Nachweise *per effectum* zu verstehen. Der heilige Thomas arbeitet mit der effizienten Ursache, die in den Fünf Wegen von Bedeutung ist. Mit der formalen Ursache, die mit dem Vierten Weg assoziiert werden kann. Und mit dem letzten Zweck in Bezug auf den Fünften Weg.

7-Jeder von ihnen hat eine klare syllogistische Struktur. Sie alle entwickeln einen logisch deduktiven Prozess. Sie beginnen alle mit einer Minor-Premisse aus der Welt der Erfahrung. Es folgt eine Major-Premisse, die kurz begründet ist. Dann wird die Major auf die Minor angewandt, wie auf ihren speziellen Fall. So gelangt man zur endgültigen Schlussfolgerung und erreicht den Beweis.

8-Die ersten drei Wege beziehen sich auf verursachte Veränderungen. Sie gehen von der Erfahrung der Veränderung in der Welt aus. Sie sind einander mehr verbunden als mit dem Vierten und dem Fünften Weg.

9-Die ersten drei Wege sind miteinander verbunden. Alle drei beziehen sich auf die Bewegung und unterscheiden sich in der Tiefe ihrer Reflexion. Vom Ersten bis zum Dritten gibt es eine Progression von offensichtlichen und konkreten Merkmalen zu tieferen und abstrakten Merkmalen.

*Die Vorsicht, mit der Thomas bei der Strukturierung seiner Beweise für die Existenz Gottes vorgeht, wurde vielleicht auch von den Thomisten nicht immer ausreichend beachtet. Angenommen, die metaphysischen Prinzipien sind gegeben, **stützt er sich nicht auf ein einziges Naturgesetz**, sondern nur auf bestimmte Tatsachen. Es gibt tatsächlich Dinge, die bewegt werden -er sagt nicht: alles wird bewegt-; es gibt tatsächlich Dinge, die entstanden sind -er sagt nicht: alles ist entstanden-; es gibt tatsächlich kontingente Dinge; es gibt tatsächlich Grade des Seins; folglich gibt es ein erstes Sein. Das ist immer seine Vorgehensweise. Und er verfährt auch so bei dem fünften und ältesten Gottesbeweis, dem sogenannten* *teleologischen. Er sagt nicht: Alles in dieser Welt ist gut und angemessen geordnet. Und er kann es auch nicht sagen. Denn solange die Existenz Gottes nicht angenommen wird, gibt es viele zufällige Dinge, die weder als angemessen geordnet noch als gut betrachtet werden können.*[64]

Wir können auch hinzufügen:[65]

1-In Bezug auf die allgemeine Struktur der fünf Wege gibt es derzeit erhebliche Meinungsverschiedenheiten. Die Positionen reichen von denen, die bestreiten, dass es eine systematische Ordnung in dieser Struktur gibt, bis zu denen, die, obwohl sie eine solche Ordnung zugeben, unterschiedlicher Meinung darüber sind, welches Kriterium der heilige Thomas bei der Organisation der Wege berücksichtigt hat.

2-Es ist erwähnenswert, dass das Kriterium von Francisco Pérez Muñiz (1905-1960) hervorgehoben werden sollte. Er argumentiert, dass der Ausgangspunkt der Wege das endliche Seiende ist, sei es in seiner dynamischen Erscheinung (Erster Weg - Bewegung, Zweiter Weg - Akt des Bewegers und Fünfter Weg - Ausrichtung) oder in seiner statischen Erscheinung als Begrenzung: sei es die Begrenzung in der Dauer (Dritter Weg) oder die Begrenzung in Bezug auf das Sein (Vierter Weg). Aber der Aufstieg von diesem Ausgangspunkt aus erfolgt in allen Wegen durch das Prinzip der effizienten Kausalität.

3-Muñiz hebt auch hervor, dass in allen Wegen das **Prinzip der Unmöglichkeit der Rückkehr ins Unendliche im kausalen Prozess** herrscht. Gemäß dieser Struktur führt jeder Weg zur Existenz Gottes als unbewegtem Beweger (Erster Weg), unverursachter Ursache (Zweiter Weg), notwendigem Sein (Dritter Weg), unendlichem Sein (Vierter Weg) und höchstem Lenker (Fünfter Weg).

4-Joseph Owens (1908-2005) glaubt, dass es nur ein Argument für die Existenz Gottes gibt, nämlich das, das auf der Lehre von *esse* basiert, wie sie von Thomas von Aquin in *De ente et essentia* präsentiert wird. Seiner Meinung nach sind die fünf Wege lediglich fünf Anzüge für ein einziges

Argument. Er glaubt, dass nur Hartnäckigkeit bei denen besteht, die jeden Weg als einen neuen Beweis betrachten.

5-Lawrence Dewan (1974) hingegen betrachtet die Anzahl und die Reihenfolge der Wege als pädagogischen Zweck. Die Struktur der Wege soll eine enge Verbindung zur Struktur der *Summa Theologica* selbst haben.

Nach dieser Logik sieht er die ersten vier Wege als eine hierarchische Einheit an und den fünften Weg als eine andere Einheit. Er argumentiert, dass die ersten vier Wege zu Gott als "höchstem Sein", Ursache des Seins und der Vollkommenheit aller anderen Sein führen. So bringen diese vier Wege die Existenz Gottes als "Ursprung aller Dinge" zum Ausdruck. Die zweite Einheit oder der fünfte Weg beweist wiederum die Existenz Gottes als das letzte Ziel, auf das alles Geschaffene ausgerichtet ist.

Er betont, dass die ersten vier Wege einen Ausgangspunkt für den ersten Teil der *Summa Theologica* darstellen (der sich mit Gott als Ursprung aller Dinge befasst), während der fünfte Weg (der Gott als Lenker der Welt darstellt, um ein Ziel zu erreichen) der Ausgangspunkt für den zweiten und dritten Teil ist, die sich mit Gott als "Ziel" des Menschen befassen.

Er glaubt, dass es einen Plan bei der Darstellung der fünf Wege gibt. Dieser Plan besteht darin, einen grundlegenden Artikel für die gesamte *Summa Theologica* zu präsentieren, die schließlich eine Zusammenfassung der christlichen Lehre ist.[66]

6-Dewan ist der Meinung, dass die ersten vier Wege in Übereinstimmung mit der aristotelischen Lehre vom Sein als Akt und Potenz organisiert wurden, insbesondere der Akt, der nach einer Hierarchie der Vollkommenheit dargestellt wird.

Beachten Sie, dass, indem man eine graduale Steigerung des Seins im Akt verfolgt, man feststellen kann, dass der Ausgangspunkt des Ersten

Weges der unvollkommene Akt oder die Bewegung ist; der des Zweiten Weges ist ein vollkommenerer Akt als der vorherige, nämlich die Operation im Licht ihrer effizienten Ursache; der Dritte Weg beginnt mit dem vollkommenen Akt oder dem wesentlichen Sein, und der Vierte Weg betrachtet die Dinge hinsichtlich ihrer Überlegenheit gegeneinander, ihrer Wahrheit und Intelligenz sowie ihrer Noblesse. Diese Reihenfolge, die von Thomas von Aquin befolgt wird, entspricht nicht nur den Graden des Seins im Akt, sondern respektiert auch das methodologische Prinzip, das in den fünf Wegen beobachtet wird: nämlich von Bekanntem zu Unbekanntem vorzugehen.

7-Dewan ist der Meinung, dass die Lehre von *esse* von Thomas von Aquin zweifellos in den fünf Argumenten zur Existenz Gottes vorhanden ist, aber sein Grund für diese Behauptung unterscheidet sich von dem von Owens.

8-Étienne Gilson hingegen behauptet, dass die fünf Wege nicht existential sind, im Sinne einer Ausdrucksweise der thomistischen Lehre von *esse*. In diesem Sinne hat er seine Aussagen in der fünften Ausgabe von *Le Thomisme* zurückgezogen.

Er behauptet, dass Thomas von Aquin niemals die Zusammensetzung von *essentia* und *esse* bei endlichen Seienden verwendet hat, um die Existenz Gottes zu beweisen. Mit einem Wort: Die fünf vorgebrachten Argumente setzen die Vorstellung von *esse*"als Akt des Seins nicht voraus. Die fünf Wege sind unabhängig von dieser Vorstellung gültig. Es ist durch sie, dass man diese Vorstellung erwirbt.

Die Position von Gilson ergibt sich daraus, dass er behauptet, dass die Lehre von esse ausschließlich Thomas von Aquin gehört und daher nicht in einer Reihe von Argumenten vorhanden sein könnte, die einen starken aristotelischen Akzent haben. Die Annahme ihrer Anwesenheit in den fünf Wegen würde bedeuten, die Lehre von esse Aristoteles zuzuschreiben, was für Gilson schlichtweg inakzeptabel ist.

Schließlich fügen wir hinzu:

1-Der Ausdruck "Weg" ist passender als "Beweis". Heutzutage denken wir bei "Beweis" an einen mathematischen Beweis. Und der heilige Thomas dachte nicht an so etwas. *Die Fünf Wege sind vielmehr Schlussfolgerungen von Ideen, die, indem sie tiefer in das Sein eindringen, uns überzeugen können, dass es ein erstes, ungeursachtes, notwendiges und vollkommenes "Sein", den alle Gott nennen, gibt.*[67]

2-In den Fünf Wegen argumentiert der heilige Thomas *a posteriori*, das heißt, er geht von Dingen aus, die in den Bereich unserer natürlichen Erfahrung fallen, zum Sein, von dem sie abhängen. Aber wenn er die Attribute dieses Seins untersucht, muss er in weiten Teilen *a priori* vorgehen und sich fragen, welche Attribute der erste unbewegte Beweger, die erste effiziente Ursache, das absolut notwendige und höchst vollkommene Sein haben muss.[68]

3-*(...) es handelt sich um eine philosophische Analyse, die "nur für wenige zugänglich ist, nach langer Zeit und unter Beimischung von Fehlern" (Summa Theologiae I q.1 a.1). Metaphysische Wege können einen "metaphysischen" Verstand überzeugen, aber sie werden den existenziellen Menschen in seiner physischen Realität kaum bewegen, ein Gemisch aus Leidenschaften und Gefühlen, normalerweise unfähig, die Wahrheit objektiv zu erfassen (Summa Theologiae I-II q.9 a.2).*[69]

4-Tatsächlich reduzieren sich die Fünf Wege auf einen einzigen. Der Ausgangseffekt ist immer derselbe: das Sein der Sein. Und aufgrund dieses gelangen wir zur Ursprungsquelle, zum Sein als Sein. Wenn das Sein als solches keine Herkunft benötigen würde, gäbe es keinen Bedarf an Gott: Die besonderen Ursachen würden die besonderen Effekte erklären, wie sie die Erfahrung liefert. Wenn wir uns von den Effekten zur Ersten Quelle erheben können, liegt dies daran, dass in jedem von ihnen auf besondere Weise, aber wirklich, ein *Wert des Seins* enthalten ist. Gott wird daher als das Prinzip des Seins betrachtet, und wenn er als *Beweger, Ursache, Organisator* usw. bezeichnet wird, dann nur, weil die von diesen Begriffen bezeichneten Effekte die Entfaltung der einzigen in der Metaphysik gültigen Vorstellung darstellen, nämlich die des Seins.[70]

5-Man kann sagen, dass sie eine Explikation der Worte aus dem *Buch der Weisheit*, Kapitel 13, und dem *Brief an die Römer*, Kapitel 14, sind, gemäß denen Gott aufgrund seiner Werke als etwas, das sie transzendiert, erkannt werden kann.[71]

6-Bei der Untersuchung der Fünf Wege muss man im Auge behalten, was die *intentio auctoris* des heiligen Thomas war, und sie von unserer eigenen *intentio lectoris* als Menschen des 21. Jahrhunderts unterscheiden. In diesem Sinne ist es wichtig zu betonen, dass der Kontext, in dem die Fünf Wege geschrieben wurden, der eines intellektuellen Debatten mit den Befürwortern des "ontologischen Arguments" von San Anselmo war. Die Wege bewegen sich nicht in einem historischen Kontext des Dialogs oder der Debatte mit "Ungläubigen". In der Zeit des heiligen Thomas herrschte weder Skepsis noch Unglaube, weder unter dem Volk noch unter den Gelehrten. Es ist nicht so, dass es unmöglich ist, sie in diesem Sinne zu verwenden, aber in diesem Fall sollten die entsprechenden hermeneutischen Erklärungen abgegeben werden.[72]

7-*(...) Es ist richtig zu sagen, dass die fünf Beweise des Thomas von Aquin eine identische Struktur haben, und sie bilden sogar eine Einheit, die sich gegenseitig ergänzt; denn wenn einer von ihnen ausreicht, um die Existenz Gottes festzustellen, setzt jeder von ihnen an einem anderen Effekt an und hebt somit einen anderen Aspekt der göttlichen Kausalität hervor.*[73]

8-Der Erste Weg ist der berühmteste und wird am häufigsten zitiert. Der heilige Thomas hatte eine Vorliebe für ihn. Allerdings ist seine Interpretation nicht eine der leichtesten.[74]

9-Jeder Weg beweist für sich allein die Existenz Gottes. Sie benötigen nicht die anderen Wege, um ihr Ziel zu erreichen. Dennoch ergänzen sie sich gut gegenseitig, und ihre gemeinsame Untersuchung ermöglicht ein besseres Verständnis des Problems und seiner Lösung.

10-Alle Wege verwenden das Prinzip der Kausalität für ihre Argumentationen.

11-Sie bieten einen systematischen Ansatz zur Frage der Existenz Gottes. Die fünf Argumente wurden bewusst ausgewählt und in eine bestimmte Reihenfolge gebracht. Diese Reihenfolge dient pädagogischen Zwecken. *(...) Deshalb würde ich nicht zögern, von einer "Phänomenologie" in den Wegen zu sprechen, von einem "Itinerarium" (um den Begriff von Bonaventura zu verwenden). Es besteht jedoch erheblicher Dissens unter den Experten über diese Wege, was sie offensichtlich weniger wirksam macht.*[75]

12-Keines der in den Fünf Wegen verwendeten Argumente war etwas völlig Neues. Sankt Thomas wusste das. Die Originalität des Aquinaten besteht darin, dass er diese Argumente entwickelte und zu einem kohärenten Ganzen formte.[76]

13-Die fünf Argumente enden in fünf Attributen Gottes:

-Erster unbewegter Beweger
-Erste unverursachte Ursache
-Erstes notwendiges Sein, das nicht nur Existenz haben muss, sondern die Existenz selbst ist
-Höchst einfaches und perfektes absolutes Sein, das nicht an der Existenz teilhat, sondern die Existenz selbst ist
-Der erste Intellekt, der alles ordnet

14-Wir haben bereits gesagt, dass die Wege im Wesentlichen metaphysisch sind. Die physikalischen Bezugnahmen, die der Engelische Doktor gemacht hat, beeinträchtigen nicht ihre Gültigkeit. Es handelt sich um reine Beispiele, die durch andere ersetzt werden können. Tatsächlich kann die Aussage, dass das Feuer die Ursache für warme Dinge ist, heute nicht aufrechterhalten werden.

11. DER ERSTE WEG

Es ist der sogenannte kinetische Beweis oder der Bewegungsbeweis. Hier kommt die Bedeutung der Lehre von Akt und Potenz besonders zum Tragen.

Vom Eingelhaften Doktor als *via manifestior* bezeichnet, hängt sie am stärksten von den Argumenten des Aristoteles ab.[77]

Obwohl nach Sankt Thomas alle fünf Argumente, die er für die Existenz Gottes gibt, schlüssig sind, sind ihre verschiedenen Grundlagen nicht gleichermaßen leicht zu verstehen. Diejenige, die auf der Betrachtung der Bewegung beruht, übertrifft in dieser Hinsicht die anderen vier (Summa Theologiae I, a.2, a.3, ad Resp.). Deshalb hält Thomas von Aquin an, sie vollständig zu klären und versucht, sie sogar in ihren kleinsten Aussagen zu beweisen.[78]

Von diesen Beweisen scheint der erste eine gewisse Vorrangstellung zu genießen, da er am "offensichtlichsten" ist, und deshalb nennt ihn Thomas von Aquin den via manifestior.[79]

Er ist am offensichtlichsten, weil es keine gebräuchlichere und offensichtlichere sinnliche Erfahrung gibt als die der Bewegung.[80]

In der *Summa Theologiae* I, q.2 a.3 entwickelt Thomas von Aquin den Ersten Weg. Er bezeichnet ihn als den klarsten für das Verständnis. Er sagt uns, dass unsere Sinne wahrnehmen, dass es in dieser Welt Bewegung gibt. Bewegen bedeutet nichts anderes, als von Potenz zum Akt überzugehen. Alles, was sich bewegt, wird von einem anderen bewegt. Das Sein, das ein anderes bewegt, ist im Akt. Das bewegte Sein hingegen ist in Potenz, auf das hin es sich bewegt. Der Bewegende ist aktiv, und das Bewegte ist passiv. Und nichts kann gleichzeitig und unter demselben Gesichtspunkt im Akt und in Potenz sein. Beispiel: Feuer, heiß im Akt, lässt Holz, potenziell heiß, im Akt heiß werden.

Nun gut. Wenn das Seiende, das bewegt wird, seinerseits von einem anderen bewegt wird und dieser von einem anderen, und so weiter, müssen wir übereinstimmen, dass ein solches Vorgehen nicht ins Unendliche fortgesetzt werden kann. Denn wenn wir das täten, würden wir niemals zu dem Ersten gelangen, der bewegt, ohne bewegt zu werden. Die Zwischenmotoren bewegen nur, indem sie vom ersten Motor bewegt werden. Beispiel: Ein Stock bewegt nichts, wenn er nicht von der Hand bewegt wird. Daher ist es notwendig, zu dem ersten Motor zu gelangen, den niemand bewegt. In diesem erkennen alle Gott.

Lassen Sie uns diesen Weg etwas genauer festlegen:

1-Der Ursprung dieses Beweises liegt bei Aristoteles. Und deshalb wurde er die ganze Zeit über ignoriert, in der Aristoteles 'Physik ignoriert wurde, das heißt bis zum Ende des 12. Jahrhunderts.

(...) kann man sagen, dass sie zum ersten Mal in Adelardo von Bath erscheint. Sie wird in ihrer vollständigen Form bei Albertus Magnus gefunden, der sie als eine Ergänzung zu den Beweisen von Peter Lombard präsentiert, zweifellos von Maimonides übernommen.[81]

2-Der Ausgangspunkt ist die Existenz der Bewegung oder der Veränderung. Sankt Thomas bezieht sich sowohl auf substantielle als auch auf akzidentelle, spirituelle oder sinnliche Veränderungen. Es umfasst jede Art von Veränderung, sowohl räumliche Bewegung als auch quantitative und qualitative Veränderung. Dieses Thema haben wir in der *Einführung zur Thomistischen Metaphysik V* ausführlich behandelt

3-Die Bewegung ist von Natur aus etwas, das zwischen Akt und Potenz liegt: es ist der Übergang eines Subjekts von einer Art des Seins zu einer anderen. Dieser Übergang ist nur möglich, wenn das Subjekt bereits teilweise die neue Art des Seins -den Akt- besitzt und teilweise noch nicht, aber sie besitzen kann -die Potenz-.

4-Sankt Thomas stellt ein grundlegendes Prinzip auf: Alles, was bewegt wird, wird von einem anderen bewegt: *omne quod movetur ab alio movetur.*

Dieses Prinzip erscheint an sich selbst klar; es ist jedoch oft schwierig, genau zu bestimmen, wie es in konkreten Sein verwirklicht wird, aufgrund unseres sehr unvollkommenen Wissens über die Handlungen der zahllosen untergeordneten Motoren, die in der Natur wirken.[82]

Diese Aussage basiert auf der Natur der Bewegung oder des Werdens. Bewegung wird definiert als der Übergang von der Potenz zum Akt, von etwas, das im Akt ist. Das Werden hat seine eigene Ursache nicht in sich selbst. Es ist nicht bedingungslos: Die Potenz geht nicht von selbst in den Akt über. Das Werden erfordert eine extrinsische Aktualisierungs- oder Realisierungsursache. Dies ist das, was wir die effiziente Ursache nennen. Diese effiziente Ursache muss im Akt haben, was das Werden nur in der Potenz hat. Es zu leugnen bedeutet zu sagen, dass das Mehr aus dem Weniger entsteht. Oder dass das Sein aus dem Nichts entsteht.

Wenn es nun für ein und dasselbe Seiende unmöglich ist, gleichzeitig in der Potenz (unbestimmt) und im Akt (bestimmt) unter demselben Aspekt zu sein, so ist es ebenso unmöglich für ein und dasselbe Seiende, gleichzeitig und unter demselben Aspekt Motor und Beweger zu sein. Daher, wenn es in Bewegung ist, wird es von einem anderen Seienden bewegt. Es sei denn, es ist nur unter einem Aspekt in Bewegung, beispielsweise in einem seiner Teile. In diesem Fall kann es von einem anderen seiner Teile bewegt werden. Ein solcher Fall tritt bei Lebewesen auf. Aber auch dieser bewegende Teil unterliegt einer Bewegung anderer Art und erfordert einen externen Beweger. Daher ist alles, was bewegt wird, von einem anderen bewegt.

Wenn wir nämlich das, was im Werden ist, betrachten, müssen wir sagen, dass es noch nicht das ist, was es sein wird, und dass es nicht das absolute Nichts dessen ist, was es sein wird, zumindest muss es das sein können, was es sein wird.Es ist zumindest notwendig, dass es das sein kann, was es sein wird. Zum Beispiel wird nur das lokal bewegt, was bewegt werden kann; das, was heiß wird, beleuchtet oder magnetisiert wird, ist das, was dazu fähig ist; das Kind, das noch nichts weiß, kann es wissen, und deshalb unterscheidet es sich wirklich vom Tier; schließlich wird nur das realisiert, was existieren kann und nicht im Widerspruch zu den Bedingungen steht (in diesem letzten Fall ist keine reale Potenz erforderlich, sondern eine Möglichkeit).[83]

5-In diesem Weg wird ein zweites Prinzip behauptet, nämlich **die Unmöglichkeit einer unendlichen Serie von untergeordneten Bewegern**. Es ist notwendig, zu einem Ersten Beweger zu gelangen, der in sich selbst keine Art von Bewegung zulässt. Dieses Prinzip gründet sich auf dem Begriff der Kausalität selbst. Wenn alle Beweger den Einfluss empfangen, den sie übertragen, und es keinen ersten gibt, der die Bewegung verleiht, ohne sie zu empfangen, könnte die Bewegung niemals stattfinden, weil sie niemals eine Ursache hätte.

Es wäre jedoch nicht notwendig, bei der Serie vergangener Beweger innezuhalten, da sie keinen Einfluss auf die aktuelle Bewegung ausüben, die erklärt werden muss; sie sind nur akzidentelle Ursachen. Das Prinzip des Grundes kann nicht dazu zwingen, diese Serie akzidenteller Ursachen zu beenden, sondern nur dazu, aus ihnen herauszugehen, um zu einem Beweger einer anderen Art aufzusteigen, der nicht vorausbewegt ist und in diesem Sinne unbewegt ist, nicht mit der Unbeweglichkeit der Potenz, die der Bewegung vorausgeht, sondern mit der Unbeweglichkeit des Akt, die keine Notwendigkeit hat zu werden, weil sie bereits ist (...).[84]

6-Es ist notwendig, zu einem Ersten Beweger zu gelangen, der die Ursache für sein eigenes Sein in seiner Handlung sein kann. Und nur derjenige kann die Ursache für sein eigenes Sein in seiner Handlung sein, der es von Natur aus nicht nur potenziell, sondern tatsächlich besitzt. Dieser Beweger ist absolut unbeweglich, im Sinne dessen, dass er bereits in sich hat, was die anderen durch Bewegung erlangen. Er ist daher wesentlich verschieden von allen beweglichen Sein, sei es Körper oder Geister. Er verändert sich nicht. Wir wissen, dass das Handeln dem Sein folgt, und die Art des

Handelns folgt der Art des Seins. Wenn er von sich aus handelt, liegt das daran, dass er von sich aus existiert. Nur das Sein an sich selbst kann die Ursache für das Sein eines Geschehens sein, das nicht von selbst ist.

(...) mit anderen Worten, um von sich aus die Ursache für sein eigenes Sein zu sein, muss man das Sein von sich aus haben (Summa Theologiae I, quaest. 3, arts. 1 und 2; q.54, a.1 und 2). Zusammenfassend muss das, was von sich aus ist, dem Sein gleich sein wie A zu A (Summa Theologiae I, q.3, a.4), Ipsum esse subsistens, reines Sein, reine Handlung, reine Identität, im Gegensatz zur Identitätslosigkeit, die sich in allem Fieri zeigt; dieser letzte Punkt wird außerdem explizit in der vierten Argumentation festgestellt.[85]

En der *Summa contra Gentiles* Buch I, Kapitel 13, präsentiert Sankt Thomas den Ersten Weg, der auf zwei Argumenten beruht. Das erste Argument ist dasselbe wie das in der *Summa Theologica* I, q.2 a.3, obwohl er hier ausführlich die Prinzipien erörtert, auf denen das Argument selbst beruht. Das zweite Argument basiert auf der Annahme einer ewigen Bewegung. Wir erinnern uns daran, dass Aristoteles die Existenz einer ewigen Welt und einer ewigen Bewegung behauptete.

Erstes Argument

Sankt Thomas wird von dem Grundsatz ausgehen, dass alles, was sich bewegt, von einem anderen bewegt wird. Er wird uns sagen, dass unsere Sinne bezeugen, dass Dinge sich bewegen. Zum Beispiel: die Sonne bewegt sich.[86] Sie empfängt daher ihre Bewegung von einem anderen, denn alles, was sich bewegt, wird von einem anderen bewegt. Nun, entweder bewegt derjenige, der die Sonne bewegt, sich selbst oder nicht. Wenn er sich nicht bewegt, bedeutet das, dass wir zu einem unbewegten Beweger gelangen. Und diesen nennen wir Gott. Wenn er sich hingegen bewegt, wird er von einem anderen bewegt, denn alles, was sich bewegt, wird von einem anderen bewegt. Daher, da jeder Beweger von einem anderen bewegt wird, müssten wir ins Unendliche fortfahren, um herauszufinden, was jeden Beweger bewegt, oder zu einem unbewegten

Beweger gelangen. Da es unmöglich ist, unendlich fortzufahren, müssen wir notwendigerweise einen unbewegten Beweger anerkennen.

Anschließend wird Sankt Thomas die beiden Prinzipien, auf denen das Argument basierte, direkt beweisen:

1-Alles, was sich bewegt, wird von einem anderen bewegt

2-In der Reihe von Seiende, die andere Seiende bewegen und Seiende, die bewegt werden, ist es nicht möglich, unendlich fortzufahren

---

Er wird diese Prinzipien getreu Aristoteles entwickeln.

Lassen Sie uns mit der ersten beginnen: Jedes Seiende, das bewegt wird, wird von einem anderen bewegt. Dies kann auf drei Arten nachgewiesen werden:

Erster Beweis: Damit ein Seiendes sich selbst bewegt, ist es notwendig:

a)Dass es in sich selbst das Prinzip seiner Bewegung hat, das heißt, dass es grundsätzlich bewegt wird. Andernfalls würde es von einem anderen Seienden bewegt werden. Mit anderen Worten, das gesamte Seiende muss sich unmittelbar von selbst aus bewegen, ohne die Vermittlung eines anderen Seienden.

b)Dass es sich aus sich selbst heraus und nicht durch die Kraft eines seiner Teile bewegt. Dies ist beispielsweise der Fall bei einem Tier, das sich durch die Bewegung des Fußes bewegt. In diesem Fall wird es nicht als Ganzes von sich selbst bewegt, sondern von einem seiner Teile. Ein Teil, der Fuß, bewegt die anderen.

c)Dass es teilbar ist und Teile hat. Wie Aristoteles im Buch VI der *Physik* lehrt, ist alles, was sich bewegt, teilbar.

Angenommen a), b) und c), dann ist es möglich zu zeigen, dass nichts sich von selbst bewegt. Wir sollten beachten, dass das, was angenommen wird, sich unmittelbar selbst zu bewegen, sofort bewegt wird. Daher führt die Ruhe eines seiner Teile zur Ruhe des Ganzen.

Am Anfang, auf dem offensichtlich der gesamte Beweis beruht: Omne quod movetur, ab alio movetur, hatte man Gelegenheit, natürliche Bewegungen, das, was wir heute als die spontane Aktivität der Materie bezeichnen würden, entgegenzusetzen. Wer bewegt den schweren Körper, der zur Erde fällt? Bewegt er sich nicht von selbst? Ja, antwortete der Heilige Thomas, der schwere Körper bewegt sich von selbst; aber er bewegt sich nicht von sich selbst (movetur seipso, non a seipso). Das bedeutet, dass er sich aufgrund seiner Natur bewegt, ohne äußere Einwirkung. Aber ohne äußere Einwirkung bedeutet nicht ohne jegliche Einwirkung. Diejenige, die hier in Betracht zu ziehen ist, ist diejenige, die ihm von derselben Natur verliehen wird, von der die spontane Bewegung kommt, von der wir sprechen. "Was einen Körper schwer macht, bewirkt auch, dass er zum Zentrum hin fällt" (Aristoteles dixit).[87]

Nun, eine Realität mit diesen drei Merkmalen ist widersprüchlich. Wenn man den genannten Kriterien folgt, wird man zu dem Schluss kommen, dass nichts sich selbst bewegt. Schauen wir uns das an. Da alles, was sich bewegt, teilbar ist und Teile hat, wenn ein Teil des Seienden sich bewegt und ein anderer in Ruhe ist, dann würde nicht das Ganze primär bewegt, sondern nur der Teil. Dies ist der Fall, wenn ich einen Finger meiner rechten Hand bewege. Der Finger meiner rechten Hand bewegt sich. Aber der linke Arm bleibt in Ruhe. Mein gesamter Körper hat sich nicht bewegt. Nur der Finger meiner rechten Hand hat sich bewegt. Daher bin ich als Seiendes nicht jemand, der sich selbst bewegt, denn wenn ich das wäre, würde jede meiner Bewegungen die Bewegung meines gesamten Körpers bedeuten.

Da das Seiende teilbar ist, wenn ein Teil zum Stillstand kommt, kommt das Ganze zum Stillstand. Wenn ich einen rennenden Hund aufhalte, indem ich die Bewegung seiner Beine stoppe (weil er sonst nicht rennen kann), bremse ich die Bewegung des gesamten Hundes. Die Ruhe seiner Beine bedeutet die Ruhe des gesamten Hundes.

Sankt Thomas schließt:

Aber nichts, was in Ruhe ist, weil etwas anderes in Ruhe ist, wird von sich selbst bewegt; denn das Sein, dessen Ruhe auf die Ruhe eines anderen folgt, muss seine Bewegung der Bewegung eines anderen folgen lassen. Es wird daher nicht von sich selbst bewegt. Daher wird das, was als von sich selbst bewegt angenommen wurde, in Wirklichkeit nicht von sich selbst bewegt. Folglich muss alles, was sich bewegt, von einem anderen bewegt werden. [88]

Sofort erkennt er zwei Einwände gegen das Argument:

-Dass der Teil dessen, was sich selbst bewegt, nicht in Ruhe sein kann.
-Dass der Teil nicht in Ruhe ist oder sich bewegt, es sei denn akzidentell.

Und er antwortet, indem er das vorgebrachte Argument in Erinnerung ruft. Nämlich: Die Bewegung des Seienden hängt von seinen Teilen ab, denn jedes Seiende, das sich bewegt, ist teilbar. Es kann nicht von sich selbst und primär bewegt werden.

Daher ist für die Wahrheit der abgeleiteten Schlussfolgerung nicht notwendig anzunehmen, dass ein Teil des sich selbst bewegenden Seienden in Ruhe ist. Es ist jedoch erforderlich, dass diese Bedingung wahr ist, nämlich "wenn der Teil in Ruhe wäre, wäre es auch das Ganze." Dies kann tatsächlich wahr sein, selbst wenn ihr Vorbehalt unmöglich ist, so wie es bei der folgenden Bedingung der Fall ist: "Wenn der Mensch ein Esel ist, ist er irrational.". [89]

Zweiter Beweis. Dies ist der Beweis durch Induktion. Die Erfahrung zeigt uns, dass in der Welt nichts von selbst bewegt wird. Wir stellen fest, dass es nicht primär bewegt wird:

-Alles, was sich akzidentell bewegt, bewegt sich, indem es von etwas anderem bewegt wird.

-Alles, was durch Gewalt bewegt wird.

-Alles, was sich durch seine natürliche Bewegung bewegt, wie Tiere, die bekanntermaßen von der Seele bewegt werden.

-Alle unbelebten Seienden, die sich aufgrund des erhaltenen Impulses bewegen.

Aber alles, was bewegt wird, wird entweder von sich selbst oder akzidentell bewegt. Wenn es akzidentell bewegt wird, bewegt es sich nicht von sich aus; wenn es von sich aus bewegt wird, geschieht dies entweder durch Gewalt oder durch Natur, und wenn es durch Natur geschieht, dann durch seine eigene Natur wie bei Tieren, oder durch eine andere wie bei dem Schweren und dem Leichten. Daher wird alles, was bewegt wird, von etwas anderem bewegt.[90]

Dritter Beweis. Entwickelt aus der Lehre von Akt und Potenz. Denke daran, dass nichts gleichzeitig im Akt und in der Potenz in Bezug auf dasselbe Ding ist. Alles, was sich bewegt, ist, insofern es sich bewegt, in Potenz. Tatsächlich ist die Bewegung die Handlung des Seienden in Potenz, als solches. Aber alles, was sich als Bewegender bewegt, ist im Akt. Denn nichts handelt, es sei denn, es ist im Akt. Also ist nichts in Bezug auf dieselbe Bewegung sowohl Beweger als auch Bewegter. Es ist entweder Beweger oder Bewegter. Und so bewegt sich nichts von selbst.

Wir fahren nun mit dem zweiten Grundsatz fort: **In der Reihe von Seiende, die andere Seiende bewegen und Seiende, die bewegt werden, ist es nicht möglich, unendlich fortzufahren**.

Erster Beweis

Da alles, was sich bewegt, teilbar ist und Körper ist (vgl. Buch VI Physik), wenn es eine unendliche Menge von Bewegern und Bewegten gäbe, würden sie sich gleichzeitig bewegen, wenn sich nur einer von ihnen bewegt. Aber da dieser begrenzt ist und daher in endlicher Zeit bewegt wird, würde dies bedeuten, dass eine unendliche Menge sich in endlicher Zeit bewegen würde, was widersprüchlich ist, wie Aristoteles in Buch VI Physik zeigt.[91]

Zweiter Beweis. Wenn wir in einer Gruppe von untergeordneten Bewegern und Bewegten (d.h., in der ein Körper von einem anderen in geordneter Weise bewegt wird) den ersten Beweger entfernen oder wenn der erste Beweger in seiner Bewegung aufhört, wird die gesamte Gruppe feststellen, dass keiner der anderen Körper sich bewegt oder bewegt wird. Dies geschieht, weil der erste die Ursache der Bewegung aller anderen ist. Aber wenn diese untergeordneten Beweger und Bewegten ins Unendliche multipliziert werden, gäbe es keinen ersten Beweger, denn alle wären wie Mittel zum Bewegen. Daher könnte keiner von ihnen sich bewegen, und so würde sich nichts in der Welt bewegen.

Dritter Beweis. Was instrumentell bewegt, kann nicht bewegen, wenn es keine primäre Ursache gibt, die als Hauptbeweger dient. Aber wenn es möglich wäre, ins Unendliche in den Bewegern und Bewegten fortzufahren, wären alle wie Instrumente zum Bewegen, da sie als bewegende Beweger betrachtet werden, und keiner von ihnen wird als Hauptbeweger betrachtet. Daher wird sich nichts bewegen.

Zweites Argument

In diesem Zusammenhang verfolgt Thomas von Aquin einen indirekten Ansatz.

Zuallererst versucht er zu zeigen, dass die Aussage "Alles, was sich bewegt, wird von einem anderen bewegt" keine notwendige Proposition ist.

Beginnen wir mit der Aussage *Jeder Beweger wird bewegt.* Angenommen, sie ist akzidentell wahr, das heißt, sie ist nicht von selbst wahr. Begründet der Engelhafte Doktor in der *Summa contra Gentiles*:

Der zweite Weg lautet wie folgt: Wenn jeder Beweger bewegt wird, ist diese Aussage entweder an sich wahr oder akzidentell. Wenn sie akzidentell wahr ist, dann ist sie nicht notwendig, denn was akzidentell wahr ist, ist nicht notwendig. Es ist also möglich, dass kein Beweger bewegt wird. Aber wenn ein Beweger nicht bewegt wird, bewegt er nicht, wie der Gegner sagt. Es ist daher möglich, dass nichts bewegt wird. Denn wenn nichts bewegt, wird auch nichts bewegt. Aristoteles jedoch hält dies für unmöglich, nämlich dass es zu irgendeiner Zeit keine Bewegung gibt. Daher war die erste Aussage nicht möglich, da aus einem falschen Möglichen kein falsches Unmögliches folgt. Daher war diese Aussage, dass jeder Beweger von einem anderen bewegt wird, nicht akzidentell wahr.[92]

Abschließend, wenn die Verbindung zwischen dem Seiende als Beweger und dem Sein in Bewegung akzidentell ist, scheint es wahrscheinlich, dass das eine ohne das andere auftreten kann. In diesem Fall hätten wir einen Beweger, der sich nicht in Bewegung befindet.[93]

Bleiben wir bei der Argumentation des heiligen Thomas und nehmen wir an, dass die Aussage *Jeder Beweger wird bewegt* an sich wahr ist. Betrachten wir zunächst den Fall, dass der Beweger sich auf dieselbe Art bewegt wie die Bewegung, die er in anderen Körpern verursacht. *Dann würde es bedeuten, dass derjenige, der verändert, selbst verändert wird, und -dem Prozess folgend- derjenige, der heilt, und derjenige, der lehrt, lernt, was er bereits weiß. Das ist jedoch unmöglich, da es notwendig ist, dass derjenige, der lehrt, Wissen hat, ebenso wie es notwendig ist, dass derjenige, der lernt, es nicht hat. Daraus würde folgen, dass ein Subjekt dasselbe und nicht dasselbe zugleich hätte, was unmöglich ist.* Das heißt, es wäre in Bezug auf dieselbe Sache sowohl im Akt als auch im Potenzial.

Betrachten wir zweitens den Fall, dass der Beweger eine andere Art von Bewegung hätte, um sich zu bewegen, die sich von der Bewegung unterscheidet, die er in anderen Körpern verursacht. So könnte *der Veränderer sich räumlich bewegen und der Beweger könnte räumlich wachsen. In diesem Fall, da die Gattungen und Arten der Bewegung endlich sind, wäre es nicht möglich, unendlich fortzufahren. Und daraus würde die Existenz eines ersten, nicht von einem anderen bewegten Hauptbewegers resultieren.*[94]

Sankt Thomas denkt an den Einwand gegen seine Argumentation, der sich gut wie folgt zusammenfassen lässt:

Jemand könnte einen Ausweg suchen, indem er sich eine kreisförmige Anordnung der Bewegungen vorstellt, zum Beispiel: Ortsveränderung → quantitative Zunahme → qualitative Veränderung → Ortsveränderung. Dennoch besteht das Problem fort, dass etwas sowohl im Akt als auch im Potenzial in Bezug auf dasselbe wäre.[95]

Im zweiten Schritt versucht er zu beweisen, dass der erste Beweger unbeweglich ist.

Die Tatsache, dass es einen ersten Beweger gibt, der nicht von einer äußeren Ursache bewegt wird, bedeutet nicht zwangsläufig, dass dieser Beweger völlig unbeweglich ist. Angenommen jedoch, für einen Moment, dass der erste Beweger absolut unbeweglich ist. In diesem Fall haben wir, was wir behaupten, nämlich einen ersten unbeweglichen Beweger. Wir gelangen zu dem Schluss. Angenommen nun, der erste Beweger bewegt sich selbst. Das bedeutet, er ist nicht unbeweglich. *Und dies scheint wahrscheinlich zu sein, denn das, was aus sich selbst ist, geht dem voraus, was von einem anderen ist. Deshalb ist es vernünftig anzunehmen, dass der erste Beweger in den Bewegten sich selbst bewegt und nicht von einem anderen bewegt wird. Und basierend darauf ergibt sich wiederum dasselbe. Denn es kann nicht gesagt werden, dass derjenige, der alles bewegt, vom Ganzen bewegt wird, da dies zu den bereits erwähnten Unannehmlichkeiten führen würde, nämlich dass ein Subjekt gleichzeitig lehrt und selbst unterrichtet wird, dasselbe geschieht mit den anderen Bewegungen, außerdem dass eine Sache gleichzeitig in Potenz und Akt ist, weil der Beweger als solcher im Akt ist und der Bewegte als solcher in Potenz ist. Daher ergibt sich, dass eine seiner Teile nur Beweger ist und der andere Bewegter. Und dieses Ergebnis ist dasselbe wie zuvor, nämlich dass etwas ein unbeweglicher Beweger ist.* Diese Erklärung bleibt auch dann bestehen, wenn ein Teil den gesamten Beweger bewegt. Eine zirkuläre Abfolge von Teilen, die sich bewegen und bewegt werden, löst das Problem nicht und bestätigt das Prinzip: Es gibt einen ersten unbeweglichen Beweger.[96]

Abschließend geht Thomas von Aquin von folgender Annahme aus: Der Beweger, der sich selbst bewegt (das heißt, der erste Beweger, der die übrigen Körper bewegt), wird durch den Wunsch, das zu erreichen, wonach er sich bewegt, bewegt. Wenn er nicht von außen bewegt wird, wird er zumindest von innen bewegt. Und er wird von innen durch das Verlangen bewegt, das er für das Begehrte hat. Beachten Sie, dass hier nicht vorgeschlagen wird, dass dieser erste Beweger Gott ist. Lassen Sie uns die Argumentation weiterverfolgen. Um begehrt zu werden, muss das Begehrte nichts weiter tun, als das zu sein, was es ist. Es bleibt völlig unbewegt, wie ein schönes Objekt, auf das sich der Betrachter zubewegt. Dieses begehrte Objekt nimmt die Spitzenposition in der Rangfolge der Bewegungsursachen ein. Weil das Seiende, das begehrt, ein bewegter Motor ist. Aber das Seiende, das begehrt wird, ist ein Motor, der in keiner Weise bewegt wird. Dieses höchste Begehrenswerte ist daher die erste Ursache jeder Bewegung. Daraus ergibt sich, dass es am Ursprung des Werdens stehen muss. Also muss es einen ersten getrennten und unbeweglichen Beweger geben. Dieser ist Gott. Tatsächlich ist der wahre erste unbewegliche Beweger Gott. Der andere "erste Beweger" ist nur physisch: er bewegt sich tatsächlich. Denn inwendig bewegt ihn der Wunsch, zu Gott zu gelangen.

12. DER ZWEITE WEG

In der *Summa Theologica* I, q.2 a.3, erläutert Sankt Thomas von Aquin den zweiten Weg. Sie ergibt sich aus der effizienten Ursache. Während der Ausgangspunkt der Ersten Weg das Werden ist, ist es hier das Sein. Das Sein ist das Ziel des Werdens und besteht nach ihm.[97] Wir können sie als "kausal-effizienten Beweis" bezeichnen. Einige Autoren nennen ihn "kosmologisch", was jedoch ihr richtiges Verständnis verschleiert.[98]

Sie unterscheidet sich von der Ersten lediglich darin, dass sie die Bedingungen des "fieri" in Beziehung zu seinem Ziel untersucht, anstatt es an sich selbst zu betrachten. Diese beiden Betrachtungen sind unterschiedlich, da das Werden als solches kein Sein ist, sondern ein Weg zum Sein, und daher ein besonderes Problem für diejenigen darstellt, die den Ursprung des Seins suchen.[99]

Der Ursprung dieser Weise findet sich bei Aristoteles, genauer gesagt im Buch II seiner *Metaphysik*. Der Stagirite leitet jedoch nicht unmittelbar daraus die Existenz Gottes ab. Dies tut unter anderem Avicenna. Seine Erklärung ähnelt stark der thomistischen Erklärung. Es ist zulässig anzunehmen, dass Aquin sie nicht direkt von ihm übernommen hat, sondern sie aus der eigenen aristotelischen These entwickelt hat.[100]

Im Prozess des Nachweises der Existenz Gottes sollte dieser Weg in gewisser Hinsicht als der geeignetste betrachtet werden, da Gott - als erste und transzendente Ursache - die effiziente Ursache zukommt (...) Tatsächlich könnten alle anderen Wege auf diesen Weg reduziert werden, da sie alle auf der Tatsache beruhen, dass Gott die erste effiziente Ursache des gesamten Universums ist.[101]

Sankt Thomas erklärt uns, dass wir in der sinnlichen Welt eine Ordnung der effizienten Ursachen entdecken können. Wir sollten daran denken, dass unser Wissen, auch das von Gott, immer von den Sinnen ausgeht. Von dem, was wir von der sinnlichen Realität wahrnehmen.

In dieser Ordnung der effizienten Ursachen ist keine Ursache von sich selbst, da keine gleichzeitig vorhergehend und nachfolgend zu sich selbst sein kann. Die erste Ursache ist Ursache der mittleren Ursache, und diese ist Ursache der letzten Ursache. Und dies bleibt wahr, ob das Mittel eins oder mehrere ist, ob es endlich oder unendlich ist. In jedem Fall, wenn die erste Ursache beseitigt wird, verschwindet die Quelle des Seins. Nun, diese Kette von verbundenen Ursachen und ihren Wirkungen kann nicht ins Unendliche fortgesetzt werden. Wenn dies geschieht, gibt es weder die erste effiziente Ursache noch die mittleren noch die letzten Ursachen. Aus diesem Grund muss eine erste effiziente Ursache anerkannt werden. Diese wird von allen als Gott bezeichnet.

In der *Summa contra Gentiles*, Thomas von Aquin definiert den zweiten Weg folgendermaßen:

In allen geordneten effizienten Ursachen ist das Erste die Ursache der mittleren Ursache, sei es eine oder viele, und diese ist die Ursache der letzten Ursache. Aber wenn du eine Ursache beseitigst, beseitigst du ihre Wirkung. Daher, wenn du die erste Ursache beseitigst, kann die mittlere Ursache keine Ursache sein. Nun, wenn es eine unendliche Regression unter den effizienten Ursachen gäbe, wäre keine Ursache die erste. Daher werden alle anderen Ursachen, die mittlere sind, beseitigt. Aber das ist offensichtlich falsch. Daher müssen wir annehmen, dass es eine erste effiziente Ursache gibt. Dies ist Gott.[102]

Ähnlich wie in der Ersten Weg, wo wir sagten, dass alles Seiende, das bewegt wird, von einem anderen Seienden bewegt wird, werden wir im Zweiten Weg sagen, dass jedes Seiende, das verursacht wird, von einem anderen Seienden verursacht wird. Während in der Ersten Weg der Schwerpunkt auf der Bewegung liegt, liegt er im Zweiten Weg bei der Ursache.

Die Bewegung der Seienden (die sich nicht von selbst bewegen können) führte uns zu einem unbeweglichen Ersten Beweger. Denn wir können die Kette der bewegten Seienden nicht ins Unendliche fortsetzen. Nun wird uns die Kette der verursachten Seienden (die sich nicht selbst verursachen können) zur Ersten Ursache führen. In diesem Fall ist es ebenfalls nicht erlaubt, die Kette ins Unendliche zu erstrecken, wenn wir etwas erklären wollen.

Daher ergeben sich zwei Prinzipien. Im Ersten Weg besagt das erste Prinzip, dass kein Seiendes sich von selbst bewegt, sondern dass jedes Seiende von einem anderen Seienden bewegt wird. Im Zweiten Weg besagt das erste Prinzip, dass kein Seiendes die Ursache seiner selbst ist. Das zweite Prinzip ist in beiden Wegen ähnlich: Wir können nicht ins Unendliche in der Reihe von Bewegung oder Ursachen gehen, wenn wir die Realität erklären wollen. Das Unendliche vervielfacht nur die Reihe, erklärt jedoch nichts.

Der Ausgangspunkt des Ersten Weges ist die Bewegung. Und sein Ziel ist der Erste Unbewegliche Beweger. Der Ausgangspunkt des Zweiten Weges ist die Ursache. Und sein Ziel ist die Erste Ursache. Im Ersten Weg würden wir uns auf die Bewegung konzentrieren. Im Zweiten Weg konzentrieren wir uns auf die Ursachen. Nicht auf die Effekte, sondern auf das, was sie verursacht.

In beiden Wegen gibt es eine Hierarchie. Eine Ordnung. Von bewegten und bewegenden Seienden in einem; von effizienten Ursachen in einem anderen.

Kurz gesagt: Der Erste Unbewegliche Beweger ist die Erste Ursache. Und umgekehrt. Man gelangt zum selben Ziel auf unterschiedlichen Wegen.

Welches Beispiel für eine Kette effizienter Ursachen kann diesen Weg veranschaulichen? Genau genommen bietet Thomas von Aquin es weder im Text der *Summa Theologica* noch im Text der Summa contra Gentiles. Es kann jedoch in *De Veritate* q.2 a.10 gefunden werden:

Grundsätzlich wird eine Vielzahl in geordneten Ursachen und Wirkungen benötigt, bei denen eine wesentliche Abhängigkeit voneinander besteht. Zum Beispiel setzt die Seele die natürliche Wärme in Gang, durch die Nerven und Muskeln bewegt werden, die wiederum die Hände bewegen, die einen Stock bewegen, mit dem ein Stein bewegt wird. In dieser Reihe hängt jeder der späteren Teile im Wesentlichen von jedem ab, der ihm vorausgeht.[103]

Im gegebenen Beispiel betrachten wir die Bewegung eines Steins. Wie ist die Kette der Ursachen? Ein Stock setzt den Stein in Bewegung. Der Stock wurde wiederum von der Hand eines Menschen in Bewegung gesetzt. Die Hand des Menschen von ihren Sehnen. Die Sehnen von ihren Muskeln. Die Muskeln von den Nerven. Die Nerven von der natürlichen Körperwärme und diese von ihrer Form, die die Seele ist.[104]

Dies ist eine Reihenfolge effizienter Ursachen, die in der Ausübung voneinander abhängiger Aktivitäten arbeitet, um einen Effekt zu erzeugen, wie die einfache Bewegung des Steins. In diesem Fall würde der Erste Weg von der Bewegung des Steins (des Mobilen) ausgehen, während der Zweite Weg von dieser Reihe effizienter Ursachen (der Beweger) ausgehen würde. Wo immer es bewegende Aktivität gibt, effiziente Kausalität in Übung, die von anderen Aktivitäten oder Kausalitäten abhängt, kann man einen Aufstieg zu Gott auf dem Zweiten Weg beginnen.[105]

Es gibt Agenten, die die Entstehung ihres Effekts verursachen, aber nicht direkt für das Sein dieses Effekts verantwortlich sind. Zum Beispiel ist der Vater die Ursache für die Geburt seines Sohnes. Aber einmal gestorben, besteht der Sohn weiter. Andere Agenten hingegen sind sowohl die Ursache für das Werden als auch für das Sein ihres Effekts. Wenn ihre Handlung unterbrochen wird, hört auch der Effekt auf. Zum Beispiel erklärt die Wirkung der Sonne das Leben auf dem Planeten. Wenn wir diesen Einfluss beseitigen, erlischt das pflanzliche und tierische Leben.[106]

Wir betrachten hier nicht die irdischen effizienten Ursachen in Bezug auf ihre Abhängigkeit im Sein (Existenz), da sie in diesem Sinne wie alle kontingenten Sein (Seiende) *zum dritten Weg gehören, aus der sich die Existenz eines notwendigen Sein ergibt. Stattdessen betrachten wir hier die effizienten Ursachen als formal "effizient", d.h., in Bezug auf die Ordnung ihrer Aktivität. Dies ist wichtig. Der Enkel hängt in Bezug auf sein Sein von seinem Vater und seinem Großvater ab, aber nicht in Bezug auf die Aktivität, da seine Aktivität ohne die Aktivität des Vaters und des Großvaters fortbesteht, auch wenn diese gestorben sind.*[107]

Der Erste Weg reflektiert die Veränderungen, die die Seienden erfahren, und konzentriert sich auf den Übergang von der Potenz zur Akt durch die Bewegung. Es geht darum, eine Kette von Ursachen und Wirkungen bis zum Ersten unbewegten Beweger zu verfolgen. Der Zweite Weg reflektiert das Seiende, das Ursache dafür ist, dass ein anderes Seiendes, das von ihm abhängig ist, eine bestimmte Aktivität besitzt. Es geht darum, eine Kette von untergeordneten oder abhängigen Ursachen im Handeln zu entdecken und bis zur Ersten unverursachten Ursache zu verfolgen. Die Verwandtschaft zwischen beiden Ursachen ist eng, aber der Unterschied im Ansatz ist klar.

Der Erste bezieht sich auf die Bewegung als solche und geht daher von der passiven Potenz aus; der Zweite bezieht sich auf die operative Fähigkeit - die aktive Potenz der effizienten Ursachen.[108]

Wie beim Ersten Weg können wir die Kette der Ursachen nicht ins Unendliche verfolgen. Daher hängt ihre Existenz von übergeordneten Ursachen ab, und dasselbe gilt für diese. Aber wir können nicht endlos so weitermachen, weshalb eine Erste unverursachte Ursache notwendig ist. Diese trägt das Sein der von den Seienden ausgeführten Operationen in sich.

13. DER DRITTE WEG

Es ist der Beweis durch die Kontingenz. Laut dem Eingelhafte Doktor wird er aus dem Möglichen und dem Notwendigen abgeleitet.

Sankt Thomas übernahm ihn von Maimonides (1138-1204), der ihn wiederum von Avicenna (980-1037) übernahm.[109] Avicenna wurde zuvor von Al-Farabi in der Erklärung und philosophischen Betrachtung des "möglichen Seins" und des "notwendigen Seins" vorausgegangen.[110] Nach Lawrence Dewan:

Die historische Entwicklung des Dritten Weges wurde sorgfältig erkundet. Sankt Thomas übernahm ein Argument, das er (oder jemand anderes) bereits aufgebaut hatte, nämlich das Argument in Summa contra Gentiles 1.15.5 und auch in 2.15.6, das weitgehend von Avicenna inspiriert war. Er überdachte es im Licht eines Arguments, das von Moses Maimonides (basierend auf einer Lehre aus Aristoteles' De Caelo) gegeben wurde, und produzierte ein neues Argument, das sich etwas von dem von Maimonides unterschied. Das Argument spiegelt nicht nur Aristoteles' De Caelo wider, sondern auch seine Metaphysik. Der Text der Metaphysik, auf den im Hintergrund des Dritten Weges oft Bezug genommen wird, ist 12.6, insbesondere 1071b19, 25-29 und 1072a10-12.4.[111]

Der Aquinat erklärt in der *Summa Theologica* I, q.2 a.3, dass wir in der Realität Dinge finden, die existieren können oder nicht existieren. Dinge, die erzeugt oder zerstört werden können, und folglich ist es möglich, dass sie existieren oder nicht existieren. Alles, was die Möglichkeit des Nichtexistierens in sich trägt, existierte zu einer Zeit nicht. Wenn also alle Dinge die Möglichkeit des Nichtexistierens in sich tragen, gab es eine Zeit, in der nichts existierte. Wenn das wahr wäre, würde jetzt auch nichts existieren, da das, was nicht existiert, nur durch etwas existiert, das bereits existiert. Wenn also nichts existierte, wäre es unmöglich, dass etwas zu existieren begann. Infolgedessen würde nichts existieren, und das ist absolut falsch. Er schließt daraus, dass nicht alle Sein nur Möglichkeit sind, sondern dass ein notwendiges Sein existiert. Wie bei den vorherigen

Wegen ist es nicht möglich, die Ursache ihrer Notwendigkeit im notwendigen Sein selbst unendlich zu suchen. Daher müssen wir etwas zugeben, das absolut notwendig ist, dessen Ursache der Notwendigkeit nicht in einem anderen liegt, sondern das selbst die Ursache der Notwendigkeit der anderen ist. Alle nennen ihn dieses notwendige Sein Gott.

Im Lichte dieses Textes können wir folgende Überlegungen anstellen:

1-Der Dritte Weg bezieht sich auf die Kontingenz der körperlichen Sein. Engel und die menschliche Seele sind daher ausgeschlossen.

2-Sein Ausgangspunkt ist die Unterscheidung zwischen dem Möglichen und dem Notwendigen. Zwischen dem, was existieren kann oder nicht existieren kann, und dem, was unweigerlich existiert. Wie Sankt Thomas in *Summa contra Gentiles* sagt:

Wenn es eine Zeit gab, in der etwas nicht existierte und dann existierte, wurde es von etwas anderem ins Dasein gebracht, aus dem Nichtsein ins Sein. Nicht von sich selbst, denn das, was nicht ist, kann nicht handeln. Wenn es jedoch von etwas anderem ins Dasein gebracht wurde, ist dieses andere vorher als es. Es wurde gezeigt, dass Gott die erste Ursache ist. Daher begann sein Sein nicht. Daher wird es auch nicht aufhören zu sein, denn das, was immer existiert hat, hat die Kraft, immer zu existieren. Es ist daher ewig.[112]

3-Ihr Fundament kann daher in zwei Prämissen zusammengefasst werden. Die erste besagt, dass das Mögliche kontingent ist (es kann sein oder nicht sein). Die zweite besagt, dass das Mögliche nicht von selbst existiert, sondern seine Existenz von einem anderen empfängt.[113]

4-Wie in den beiden vorherigen Wegen und aus denselben Überlegungen ist es auch nicht logisch, sich in der Kette der kontingenten Seienden ins Unendliche zurückzuentwickeln, ein Verfahren, das uns außerdem nicht erlauben würde, irgendetwas zu beweisen. In der *Summa contra gentiles* sagt der heilige Thomas:

Wir müssen daher etwas annehmen, das ein notwendiges Sein ist. Jedes notwendige Sein hat jedoch entweder die Ursache seiner Notwendigkeit in einer äußeren Quelle oder, wenn nicht, ist es durch sich selbst notwendig. Aber man kann nicht ins Unendliche unter notwendigen Sein fortschreiten, deren Notwendigkeit in einer äußeren Quelle liegt. Daher müssen wir ein erstes notwendiges Sein annehmen, das durch sich selbst notwendig ist.[114]

5-Dass Dinge geboren und sterben, entstehen und vergehen, ist eine Tatsache, die von den Sinnen wahrnehmbar ist. Dies geschieht bei Pflanzen, Menschen und Mineralien. Sie existieren nicht seit jeher. Irgendwann existierten sie nicht; sie wurden von einem anderen Seienden ins Dasein gebracht, denn aus dem Nichts wird nichts. In der *Summa contra Gentiles* sagt der heilige Thomas:

Wir finden in der Welt darüber hinaus bestimmte Seiende, nämlich solche, die der Entstehung und Verderben unterliegen, die sein können und nicht sein können. Aber was sein kann, hat eine Ursache, denn da es gleichermaßen mit zwei Gegensätzen, nämlich dem Sein und dem Nicht-Sein, verbunden ist, muss das Sein aufgrund einer Ursache zustande kommen. Nun, wie wir durch die Argumentation von Aristoteles bewiesen haben, kann man nicht ins Unendliche unter Ursachen fortschreiten.[115]

6-Wenn wir in der kausalen Kette der Kontingenz aufsteigen, stoßen wir an die Unmöglichkeit, dies ins Unendliche zu tun, und wir werden auf ein Sein stoßen, dessen Existenz an sich notwendig ist. Ein Sein, das von Ewigkeit her existiert und nicht aufhören kann zu existieren. Die Seienden die sein können oder nicht sein können, existieren nur durch dieses Sein, das an sich existiert.

7-*Das Prinzip des Beweises ist das metaphysische Prinzip der Kausalität, in seiner allgemeinsten Form: Was keine hinreichende Ursache für seine Existenz in sich hat, muss diese Ursache in einem anderen haben, und dieser andere muss letztendlich von sich aus existieren, denn wenn er von derselben Natur wie die kontingenten Seienden wäre, könnte er sich selbst nicht einmal erklären. Und es spielt wenig Rolle (...) ob die Reihe der kontingenten Seienden ewig ist oder nicht; wenn sie ewig ist, ist sie ewig unzureichend und verlangt von Ewigkeit her ein notwendiges Sein.*[116]

8-Dieser neue Beweis ist nicht neu, sondern nur aus einer anderen Perspektive betrachtet. Im Verfahren und der Methode der Demonstration stimmt er mit dem Zweiten Weg überein, der seinerseits mit dem Ersten Weg übereinstimmt. Schauen wir uns das an. Zuerst wird versucht, die existenzielle Ursachenbedingung der Seienden zu bestimmen. Im Ersten Weg: Beweger und Bewegtes; im Zweiten Weg: effiziente Ursache-Wirkung; im Dritten Weg: notwendig-kontingent. Nachdem diese kausale Bedingung erkannt ist, wird die metaphysische Erklärung außerhalb der erkannten Seienden gesucht. Akzeptiert man, dass diese Suche enden muss und folglich zu einem Ersten führen muss, wird diesem Ersten die göttliche Eigenschaft zugeschrieben, die ihm universell zukommt. *Immer steht also das Bedingte im Mittelpunkt, und man gelangt zum Unbedingten.*[117]

9-Der dritte Weg basiert auf dem Sein in der konkreten Existenz. Die beiden anderen Wege stützen sich auf das Werden *(fieri)*, das an sich noch kein Sein ist, sondern ein Weg zum Sein. Von diesem Gesichtspunkt aus kann der Dritte Weg zumindest in Bezug auf sein Fundament als das Zentrum der anderen betrachtet werden. Die ersten beiden Wege beziehen sich auf den Dritten Weg, wie das Werden auf das erreichte Sein und wie ihre Bedingungen auf die Bedingungen des Seins verweisen.[118]

Observationen zu den ersten drei Wegen

Wenn wir die drei Wege vergleichen, können wir zu folgenden gemeinsamen Erkenntnissen gelangen. Nämlich:

1-Es gibt keine größere Schwierigkeit, die Ausgangspunkte von allen als empirische Tatsachen zu akzeptieren. Wir nehmen wahr, dass es Seiende gibt, die sich bewegen oder verändern, und andere, die bewegt oder verändert werden; dass einige Seiende auf andere wirken; dass einige Dinge vergänglich sind, und wir bemerken, dass wir selbst früher nicht waren und jetzt sind, dass wir leben, aber eines Tages sterben werden.

2-Heiliger Thomas vermeidet voreilige Verallgemeinerungen. So sagt er im ersten Argument nicht, dass alle materiellen Dinge "bewegt" sind, sondern dass wir sehen, dass einige Dinge in dieser Welt bewegt oder verändert werden. Im dritten Argument behauptet er nicht, dass alle endlichen Dinge kontingent sind, sondern dass wir erkennen, dass es Seiende gibt, die erzeugt und zerstört werden.

3-In der Ersten Weg betrachtet Heiliger Thomas die Dinge als etwas, auf das eingewirkt wird, als etwas, das verändert oder "bewegt" wird. Im Zweiten Weg betrachtet er sie als aktive Agenten, als effiziente Ursachen. Im Dritten Weg betrachtet er sie als Dinge, die zur Existenz gebracht wurden, als kontingente Seiende. In allen drei Fällen regiert das Prinzip der Kausalität die Betrachtungen, aber es strahlt besonders im Zweiten Weg. Hier ist die Kausalität par excellence, die effiziente Kausalität, die den reflektierenden Weg zu Gott führt. Letztendlich ist der Erste Unbewegte Beweger die Erste Unverursachte Ursache und das Sein, das notwendigerweise von selbst existiert. Er erreicht immer denselben Ort auf unterschiedlichen Wegen.

4-Sankt Thomas spricht von einer Ordnung. Der Begriff bezieht sich auf Hierarchie und sollte als solche verstanden werden. Deshalb handeln die Ursachen in den drei Wegen hier und jetzt in einer Ordnung. Nicht alle Ursachen sind gleich. Es gibt eine Hierarchie zwischen ihnen. Kehren wir zu einem früheren Beispiel zurück: Ein Sohn hängt von seinem Vater in Bezug auf seine Existenz ab. Tatsächlich würde er nicht existieren, wenn sein Vater nicht dazu beigetragen hätte, ihm das Leben zu geben. Aber wenn der Sohn selbst handelt, hängt er hier und jetzt nicht von seinem Vater ab. In jedem Fall werden andere Faktoren hier und jetzt als Ursachen wirken, in ihrer eigenen Ordnung. Zum Beispiel könnte er ohne die Aktivität der Luft nicht handeln; und wiederum hängt die Aktivität der Luft, die das Leben erhält, hier und jetzt von anderen Faktoren ab. Jeder

Faktor in seiner Ordnung. Es ist wichtig, dies zu beachten. Andernfalls verlieren wir uns im Meer der Tatsachen und schreiben in unserer Reflexion Ursachencharakter zu, wo keiner ist.

5-Sankt Thomas strukturierte seine Argumente so, dass sie unabhängig von der Frage waren, ob die Welt seit Ewigkeit existierte. Erinnern wir uns daran, dass Aristoteles dies gelehrt hat.

6-Der Aquinate lehnte die Möglichkeit einer unendlichen Reihe als solche nicht ab. Er dachte, dass niemand die Unmöglichkeit einer unendlichen Reihe von Ereignissen nach hinten verlängert, bewiesen hatte. Aber er lehnte die Möglichkeit einer unendlichen Reihe von Ursachen und Wirkungen ab, in der ein gegebenes Mitglied nicht in Bezug auf die ausgeübte Aktivität vom vorherigen Mitglied abhängig wäre. Das Wort "erstes", das er in allen Wegen verwendet, bedeutet nicht "erstes" in zeitlicher Reihenfolge, sondern höchstes oder erstes in der ontologischen Ordnung.

7-Sankt Thomas von Aquin argumentiert in seinen drei Argumenten, dass eine unendliche Reihe (sei es von Bewegern und Bewegten, sei es von effizienten Ursachen, sei es von kontingenten Seienden) unmöglich ist. Bei dieser Aussage denkt er nicht an eine Reihe, die sich in der Zeit erstreckt. Er sagt zum Beispiel nicht, dass, weil das Kind sein Leben seinen Eltern verdankt und seine Eltern es wiederum ihren Eltern verdanken, und so weiter, es eine ursprüngliche Paarung gegeben haben muss, die keine Eltern hatte. Das heißt, ein Paar, das direkt von Gott geschaffen wurde. Thomas von Aquin akzeptiert die abstrakte Möglichkeit der Schöpfung der Welt seit Ewigkeit, obwohl er betont, dass dies philosophisch nicht nachweisbar ist. Offensichtlich ist dies für ihn nur eine Hypothese. An die er nicht glaubt. Thomas von Aquin glaubt, dass die Welt in der Zeit erschaffen wurde.

Nun, wenn wir die Hypothese zulassen, dass die Welt seit Ewigkeit erschaffen wurde und nicht in der Zeit, dann lassen wir die Möglichkeit einer Serie ohne Anfang (horizontale Serie) zu. Was Thomas von Aquin konkret leugnet, ist jedoch die Möglichkeit einer unendlichen Reihe in der ontologischen Ordnung abhängiger Ursachen (vertikale Serie).

Angenommen, die Welt wäre seit Ewigkeit erschaffen worden. Es gäbe eine unendliche historische oder horizontale Serie, aber die gesamte Serie würde aus kontingenten Seienden bestehen, weil die Tatsache, ohne Anfang zu sein, sie nicht notwendig macht. Daher muss die gesamte Serie von etwas abhängen, das außerhalb der Serie selbst liegt. Aber wenn man vertikal aufsteigt, ohne jemals ein Ende zu erreichen, hat man keine Erklärung für die Existenz der Serie: Man muss zu dem Schluss kommen, dass es ein Sein gibt, das an sich nicht abhängig ist.

8-Als Konsequenz dessen können wir feststellen, dass die sogenannte mathematische unendliche Serie nichts mit den thomistischen Beweisen zu tun hat. Sankt Thomas leugnet nicht die Möglichkeit einer unendlichen Serie als solche, sondern die Möglichkeit einer unendlichen Serie in der ontologischen Ordnung der Abhängigkeit. Er lehnt ab, dass die Bewegung und die Kontingenz der Welt, die wir erleben, keine letzte und angemessene ontologische Erklärung haben könnten.

14. DER VIERTE WEG

Der Vierte Weg zur Existenz Gottes erhebt sich von der Vielheit zum Eins, von der Zusammensetzung zum Einfachen. Sie steigt durch die beobachtbaren Grade des Seins in den Dingen auf und führt uns zum absolut vollkommenen Sein.

Dieses Argument geht von einer anderen fundamentalen und offensichtlichen Eigenschaft der erschaffenen Welt aus: der hierarchischen Ordnung der Seienden, die das Universum zusammensetzen.[119]

Es wird auch als der Beweis durch die Grade des Seins bezeichnet. Kein Weg hat so unterschiedliche Interpretationen hervorgerufen wie dieser.[120] So sehr, dass es für einige als würdig erachtet wird, als *ultra-metaphysischer* Beweis betrachtet zu werden.[121] Thomas von Aquin gelangt auf diesem Weg zu Gott als "Ursache des Seins für alle Seienden."[122]

(...) sucht ein Zeichen der Kontingenz in den tiefsten Tiefen des erschaffenen Seins, die die Bewegung nicht erreicht. Hier befinden wir uns in der statischen Ordnung, vor Seienden, die wir weder geboren noch sterben sehen müssen.[123]

In der *Summa Theologica* sagt uns Sankt Thomas von Aquin:

Unter den Seienden gibt es einige, die mehr und einige, die weniger gut, wahr, edel und dergleichen sind. Aber "mehr" und "weniger" werden von verschiedenen Dingen ausgesagt, je nachdem, wie sie in unterschiedlicher Weise dem ähneln, was das Maximum ist, so dass es etwas gibt, das am wahrsten, besten, edelsten und folglich am höchsten im Sein ist; denn die Dinge, die in höchstem Maße wahr sind, sind in höchstem Maße im Sein, wie es in Metaph. ii geschrieben steht. Das Maximum in jeder Gattung ist die Ursache für alles in dieser Gattung; so wie das Feuer, das die höchste Hitze ist, die Ursache für alle heißen Dinge ist. Daher muss es auch etwas geben, das für alle Seienden die Ursache ihres Seins, ihrer Güte und jeder anderen Vollkommenheit ist; und das nennen wir Gott.[124]

In der *Summa contra Gentiles* erklärt er auch den Vierten Weg:

Noch eine weitere Begründung kann aus Aristoteles' eigenen Worten gezogen werden. Im II. Buch der Metaphysik zeigt er, dass Dinge, die in höchstem Maße wahr sind, auch in höchstem Maße Sein haben. Aber im IV. Buch derselben Arbeit beweist er die Existenz von etwas, das in höchstem Maße wahr ist, aufgrund der Tatsache, dass, wenn wir sehen, dass zwischen zwei falschen Dingen eines mehr falsch ist als das andere, dann muss eines von ihnen wahrer sein als das andere, entsprechend ihrer Annäherung an das, was wesentlich und in höchstem Maße wahr ist. Daraus folgt letztendlich, dass es etwas gibt, das in höchstem Maße Sein hat, das wir Gott nennen.[125]

Die Erfahrung lehrt uns also, dass es in der Realität Seiende mit relativen Vollkommenheiten gibt: mehr oder weniger gut, mehr oder weniger schön, mehr oder weniger wahr, usw. Diese Vollkommenheiten sprechen von Sein. Von Grad des Seins. Denn das Gute oder das Schöne oder jede andere Qualität erfordert vor allem Sein. Denken Sie daran, dass die Transzendentalen, das Eine, das Gute und das Wahre, mit dem Seienden selbst konvertierbar sind.

Aristoteles lehrt, dass Dinge, die den höchsten Grad der Wahrheit besitzen, auch den höchsten Grad des Seins besitzen. Andererseits zeigt er, dass es einen höchsten Grad der Wahrheit gibt. Zum Beispiel ist von zwei Unwahrheiten immer eine mehr unwahr als die andere, weshalb zwischen ihnen immer eine wahrer ist. Aber das Mehr oder Weniger Wahre wird als solches durch die Annäherung an das bezeichnet, was absolut und in höchstem Maße wahr ist.[126]

Das Mehr oder Weniger, das wir zwischen verschiedenen Seienden in Bezug auf verschiedene Merkmale vergleichen, verweist immer auf die Möglichkeit eines größeren Gutes oder einer größeren Wahrheit oder einer größeren Schönheit usw. Auf diesem Weg können wir zu einem Sein gelangen, das in sich das Maximum an jeder Eigenschaft vereint, die die Seienden schmückt. Ein Sein, das das Maximum an Sein in sich vereint. Das die Ursache für die Schönheit, Güte oder Wahrheit ist, die wir in den Dingen bewundern.

Es gibt daher etwas, das in höchstem Maße wahr, gut und edel sein muss, und infolgedessen auch das Höchstmaß des Seins ist. Denn, wie Aristoteles es sagt, was den höchsten Grad an Wahrheit besitzt, besitzt auch den höchsten Grad des Seins. Außerdem ist das, was als der höchste Grad in einer Gattung bezeichnet wird, Ursache und Maßstab für alles, was zu dieser Gattung gehört; beispielsweise ist das Feuer, das den höchsten Grad der Hitze darstellt, Ursache und Maßstab für alle Hitze.[127]

Es ist notwendig, klarzustellen, dass die Vollkommenheiten, die mehr oder weniger vorhanden sein können und im perfekten Zustand realisiert werden können, von denen wir im Vierten Weg sprechen, nicht die generischen, spezifischen oder im Wesentlichen materiellen Vollkommenheiten sind. Zum Beispiel ist ein Mensch nicht mehr Tier oder mehr Mensch als ein anderer.

Die Vollkommenheiten, von denen wir sprechen, sind einfache, transzendentale, analoge Vollkommenheiten, die von sich aus das Sein oder eine Beziehung zum Sein ausdrücken. Zum Beispiel die Wahrheit, die Einheit, die Güte, das Leben, das Wissen, der Wille, die Macht, die Weisheit, usw.[128]

Dieser Weg führt zu vielfältigen Kontroversen und Kritiken, selbst innerhalb des tomistischen Feldes. Diese könnten auf zwei reduziert werden:

1-Es reformuliert das ontologische Argument von Anselm von Canterbury. Im Wesentlichen handelt es sich um dasselbe argumentative Muster wie bei Anselm

> 2-Es ist eine Version von Platos Ideenlehre.[129]

Möglicherweise wird die Frage, wenn sie so gestellt wird, durch eine vertiefte Analyse der Quellen dieses Weges etwas klarer.

Bei der Darlegung des Vierten Wegs erwähnt der Heilige Thomas ausdrücklich Aristoteles. Dies geschieht sowohl in der *Summa Theologica* als auch in der *Summa contra Gentiles*. Das ist wahr. Aber das erschöpft nicht alle Quellen, auf die er zurückgegriffen hat. In Wirklichkeit findet sich dieser Weg wesentlich bei Augustinus und Anselm von Canterbury. Sein Argument erinnert unmittelbar an Platons Werke *Das Gastmahl* und *Der Staat*, die der Engelhafte Doktor nicht direkt kannte. Dennoch erreichte ihn das platonische Denken über andere Autoren. Das Argument wird verständlich, indem **die Idee der Teilhabe**, die ihren Ursprung in Platon hat, in das Argument aufgenommen wird. Kontingente Seiende besitzen ihr Sein nicht aus sich selbst. Und sie besitzen auch nicht aus sich selbst ihre Güte, Wahrheit, Schönheit, Vollkommenheit, usw. Sie hängen von einem anderen Sein ab, um diese zu besitzen. Ein Anderes ist die Ursache dieser Vollkommenheiten in ihnen, da sie diese nicht aus sich selbst besitzen. Sie nehmen am Sein und an allen Eigenschaften teil, die in ihnen sein können. Die finale Ursache dieser Vollkommenheit, die wir in den Seienden sehen, muss in sich selbst vollkommen sein. Diese kann ihre Vollkommenheit nicht von einem anderen empfangen, sondern muss ihre eigene Vollkommenheit sein: Sie ist das selbstexistierende Sein. Dies nennen wir Gott.

Es ist offensichtlich, dass an einer Perfektion mehr oder weniger teilzunehmen, sie mehr oder weniger in Teilhabe zu haben (folglich von einem Anderen empfangen und in der Regel mit anderen Subjekten), bedeutet, dass diese Perfektion nicht von sich selbst stammt, nicht vollständig in sich selbst existiert, dass man sie nicht ist, und daher ist sie einem Anderen verschuldet, der sie letztendlich per se besitzt, aufgrund seiner Natur, die diese Perfektion ist.[130]

Copleston meint, dass sie neu formuliert werden muss, um vom modernen Menschen verstanden zu werden, da sie Annahmen enthält, die ihm fremd sind. Leider nennt er nicht, welche Annahmen das sind. Er betont, dass eine der Hauptprobleme darin besteht zu zeigen, dass es tatsächlich Grade des Seins und der Vollkommenheit gibt, bevor gezeigt wird, dass es tatsächlich ein Sein gibt, das absolute Vollkommenheit ist und von sich selbst existiert.[131]

Gilson hält die gesamte Problematik für auf unterschiedliche Interpretationen zurückzuführen, die diese Kontroversen verschleiern. Tatsächlich argumentiert er, dass es keine Schwierigkeit gibt, die Existenz von Graden des Seins und der Wahrheit in den Dingen zu überprüfen. Aber das Gleiche gilt nicht für die Schlussfolgerung, die Thomas von Aquin zieht, nämlich dass es einen höchsten Grad der Wahrheit gibt. Er hebt hervor, dass Thomas von Aquin direkt von der Betrachtung der Grade des Seins auf die Existenz Gottes geschlossen hätte, und dass ein solches Argument als ontologisch, ansehlich und an das von Anselm von Canterbury erinnert. Von dem, was er damals angemessen kritisiert hat.[132]

Anschließend erinnert er daran, dass der thomistische Realismus, um seiner selbst treu zu bleiben, von der sinnlichen Erfahrung ausgehen muss, um zu Gott und zu jeder anderen Art von Wissen zu gelangen. Ist die Wahrheit, Güte, Schönheit, das Sein sinnlich wahrnehmbar?, fragt er. Offensichtlich nicht. Um erfasst zu werden, erfordern sie die aktive Intelligenz. Denn wir kennen nur durch die Sinne. Es scheint also, dass in diesem Weg diese Prämisse vergessen wurde. Dennoch glaubt Gilson, dass dem nicht so ist. Er erklärt, dass sinnliche Dinge nicht nur materielle Dinge sind und dass Thomas von Aquin das Recht hat, das Sinnliche in seiner Gesamtheit und mit allen Bedingungen zu berücksichtigen, die nach seiner eigenen Lehre erforderlich sind. In Wirklichkeit besteht das Sinnliche aus der Verbindung des Intellektuellen und des Materiellen. Die rein intellektuelle Idee wird nicht direkt von unserem Verstand erfasst, der aus den sinnlichen Dingen das Intellektuelle abstrahieren kann, das sie beinhalten.

Im Hinblick auf diese Aspekte stellen das Schöne, das Edle, das Gute und das Wahre, da es Grade der Wahrheit in den Dingen gibt, Realitäten dar, die in unserer Reichweite liegen; dass ihre göttlichen Vorbilder uns entgehen, bedeutet nicht, dass ihre endlichen Teilnahmen uns ebenfalls entgehen sollten. Und wenn das der Fall ist, steht uns nichts im Weg, sie als Ausgangspunkt für einen neuen Beweis zu nehmen. (...) Was im Universum gut, edel und wahr ist, erfordert auch eine erste Ursache; wenn wir den Ursprung der Vollkommenheit suchen, die sinnliche Dinge verbergen können, überschreiten wir keineswegs die Grenzen, die wir zuvor festgelegt hatten.[133]

Er lehnt ab, dass dieser Weg als rein abstrakter und konzeptioneller Beweis angesehen werden kann. Er wird feststellen, dass alle Wege die Intervention transzendenter Vernunftprinzipien für die sinnliche Erkenntnis voraussetzen, denen die Sinnlichkeit selbst eine existenzielle Grundlage bietet, auf der wir uns erheben können, um zu Gott zu gelangen. Er zweifelt nicht an platonischen Einflüssen **in allen Wegen**, aber

(...) es sind keine platonischen Beweise, da Thomas von Aquin zuerst das platonische Konzept der Teilhabe in ein existentielles Konzept der Kausalität verwandelte.[134]

Gallus Manser, treu seiner Auffassung von der Lehre von Akt und Potenz als dem Wesentlichen, das im Thomismus alles erklärt, formuliert den Vierten Weg folgendermaßen:

Es gibt in der sinnlichen Welt Dinge, die mehr oder weniger am Sein, an der Wahrheit und am Guten -den Transzendentalen- teilhaben. Das bedeutet, dass es in der realen Welt viele Grade, unterschiedlich begrenzt, von demselben Sein, derselben Wahrheit und demselben Guten gibt. Diese tatsächliche Vielfalt desselben begrenzten Seins, derselben begrenzten Wahrheit und desselben begrenzten Guten setzt genau deshalb, weil sie potenziell ist, ein wirklich einzigartiges und vollkommenes Sein als Maß und Ursache voraus, und dies nennen wir Gott.[135]

Er sagt, dass es eine Erklärung für diesen Weg gibt, die er als "ideologisch" bezeichnet und die platonische Einflüsse hat. Diese Erklärung springt von der abstrakten Wesen der Dinge zur Existenz Gottes. Er nennt Garrigou-Lagrange als einen der Vertreter dieser Linie.

Deshalb bedeutet ein Beweis für die Existenz Gottes, der von abstrakten Seienden ausgeht, einen Sprung von der Idee zum Realen, der sicherlich der größte ist, genau wie in der Anselm'schen, Cartesianischen und Leibnizianischen Argumentation.[136]

Garrigou-Lagrange erwähnt wiederum einige Einwände gegen die Gültigkeit des Vierten Wegs, darunter:

1-Dass die Unvollkommenheit der Welt nicht als Nachweis für ihre Kontingenz herangezogen werden kann. Dies zu tun bedeutet, das ontologische Argument heranzuziehen, indem man die Idee der notwendigen Existenz mit der Idee des vollkommenen Seins verknüpft.

2-Das Mehr und das Weniger gelten eigentlich nur für die Quantität, nur das, was mehr oder weniger groß ist. Folglich kann dies nur den körperlichen Sein zugeschrieben werden. Wahrheit, Güte, Schönheit usw. sind unkörperliche Sein.

3-Es ist schwer vorstellbar, eine typische Wesen für jede Sache zu konzipieren.[137]

Er wird darauf antworten, dass *der Vierte Weg keine versteckte Flucht vor Anselms Argument enthält.* Im Gegenteil, er stützt sich auf *das grundlegende Gesetz des Denkens,* das seiner Meinung nach das Prinzip der Identität ist. Wir erinnern uns daran, dass für Garrigou-Lagrange das Prinzip der Identität die Kehrseite des Prinzips des Widerspruchs ist.

Es lohnt sich, die Erklärung und Verteidigung, die dieser angesehene Thomist für den Vierten Weg gibt, genauer zu studieren.

Die Erklärung des Vierten Wegs in Garrigou-Lagrange[138]

Garrigou-Lagrange nennt den Vierten Weg:

-Beweis durch die Grade der Seienden; und

-Beweis durch die hierarchisch geordnete Verwirklichung der Transzendentalen (Sein, Einheit, Wahrheit, Güte).

Er betrachtet diese Weg als notwendigerweise enthaltend:

-Den Beweis *a contingentia mentis*, der aus der Unvollkommenheit unserer intellektuellen und willentlichen Aktivität abgeleitet ist.

-Den Beweis durch die ewigen Wahrheiten.

-Den Beweis durch die verpflichtende Natur des Guten.

-Den Beweis durch das Streben unserer seelen nach dem unendlichen Guten.

Der Ausgangspunkt der Vierten Weg ist folgender: die verschiedenen Grade, die wir in den Seienden wahrnehmen. Das heißt: die hierarchisch geordnete Verwirklichung der transzendentalen Aspekte des Seins. Tatsächlich:

Wir bemerken, dass es in der Natur etwas gibt, das mehr gut oder weniger gut ist, wahrer oder weniger wahr, edler oder weniger edel.

In der *Summa Theologica* I-II, q.52 a. 1 lehrt Thomas von Aquin, dass "mehr" und "weniger" zuerst von der kontinuierlichen oder diskreten Menge gesagt werden. Wir würden also sagen, dass ein Seiende größer oder kleiner ist. Und zweitens werden sie auch legitim von Qualitäten gesagt, wie Hitze oder Licht. Zum Beispiel: dass sie intensiver oder weniger intensiv sind. Oder vom Wissen, das in sich selbst in extensiver oder intensiver Weise fortschreiten kann, je nachdem, ob es sich in seiner Ausdehnung oder Tiefe steigert oder in der Person tiefer verwurzelt ist. Das gleiche Kriterium gilt auch für Tugenden.

Dies kann leicht verstanden werden, wenn wir uns auf **relative** Qualitäten beziehen. Dies sind Qualitäten, die ihre Spezifikation von einem Objekt erhalten, auf das sie sich beziehen. Zum Beispiel: Qualitäten, die sich auf Wissen oder Tugend beziehen. In solchen Fällen sind diese relativen Qualitäten nicht nur hinsichtlich des Subjekts, das sie besitzt, variabel, sondern auch in sich selbst. Als solche nähern sie sich mehr oder weniger dem Ziel, auf das sie sich beziehen.

Die Frage ändert sich mit den **absoluten** Eigenschaften und Merkmalen. Diese sind solche, die in sich selbst spezifiziert sind, wie das Seiende, die Einheit, die Substanz, die Körperlichkeit, die Tierheit, die Vernunft. In diesem Fall sind nicht alle von ihnen anfällig für mehr oder weniger, selbst in Bezug auf das Subjekt, das sie besitzt.

Die spezifische Differenz einer beliebigen Art ist unteilbar. Zum Beispiel: die Vernunft ist die spezifische Differenz des Menschen. In diesem Sinne haben wir sie oder haben sie nicht. Die Fähigkeit zu vernünftigem Denken kann mehr oder weniger ausgeübt und entwickelt werden. Aber als menschliche Fähigkeit hat sie dasselbe eigene Objekt (die Essenz der sinnlichen Dinge), dasselbe angemessene Objekt (das Sein) und dieselbe spezifische Kapazität in jedem Menschen. Gleiches gilt für eine **Gattung**, die sich nicht in verschiedenen Graden verwirklicht, selbst wenn sie durch mehr oder weniger vollkommene spezifische Unterschiede differenziert ist. Diese Unterschiede sind für sie extern. Zum Beispiel: Die Tierheit gilt in gleichem Maße für den Menschen und den Löwen. Daher ist der Mensch nicht mehr Tier als der Löwe. Seine Tierheit als solche ist nicht perfekter, obwohl er ein perfekteres Tier ist.

Von Gold kann in gleicher Weise gesagt werden, dass es weder mehr Körper noch mehr Substanz ist als Kupfer; eine Sache ist Substanz, ist

Körper oder ist es nicht, aber in diesem Sinne kann sie nicht mehr oder weniger sein.

Die Frage ändert sich im Falle der **Transzendentalen**. Diese sind anfällig für mehr oder weniger. Und es sei darauf hingewiesen, dass sie den Ausgangspunkt des Vierten Weges bilden.

Die Transzendentalen (Sein-Einheit-Güte):

1-Sie sind nicht wie die Gattungen durch eine extrinsische spezifische Differenz differenziert, sondern sie sind in dem enthalten, was die Seienden differenziert.

2-Sie sind mit dem Sein selbst konvertierbar.

3-Jedes Seiende besitzt sie **analog**, auf seine Weise und in verschiedenen Graden. Während die *Tierheit* (das sinnliche Leben) gleichermaßen dem Menschen und dem Löwen gehört, gehören das Sein, die Einheit und die Güte den verschiedenen Seienden mit verschiedenen Titeln und Graden.

Ein Stein ist gut in seiner Güte, weil er nicht zerfällt; eine Frucht ist gut in ihrer Güte, weil sie erfrischt; ein Pferd ist gut, weil es lange Reisen aushalten kann; ein Lehrer ist gut, weil er weiß und lehren kann, was zu seinem Aufgabenbereich gehört; ein tugendhafter Mensch ist gut, weil er das Gute will und Gutes tut; ein Heiliger ist sogar besser, weil er leidenschaftlich für das Gute brennt.

Es ist möglich, weitere Beispiele anzuführen:

Das ehrliche oder moralisch Gute steht über dem Nützlichen und Angenehmen; ein Selbstzweck ist besser als ein einfaches Mittel. Die Güte ist daher in verschiedenen Graden verwirklicht. Das Gleiche gilt für Vollkommenheit oder Adel: Die Pflanze ist edler als das Mineral (...) Das Gleiche gilt für die Einheit: Der Geist ist einheitlicher als der Körper, da er nicht nur ungeteilt ist, sondern auch unteilbar ist (...) Ebenso verhält es sich mit der Wahrheit, wenn man das Sein berücksichtigt, das sie gründet, und die Beständigkeit oder Notwendigkeit der Aussagen, die sie ausdrücken (...) (in diesem Sinne können wir sagen,) ein von Natur aus offensichtliches, notwendiges und ewiges Erstprinzip wie das Prinzip des Widerspruchs ist wahrer als eine notwendige Schlussfolgerung, die sich von ihm ableitet, weil es nicht nur in Übereinstimmung mit einer Modalität des Seins ist, sondern auch mit dem, was am tiefsten und universellsten in der möglichen und tatsächlichen Realität liegt.

Das Prinzip, das uns ermöglicht, von den Graden der Seienden zu Gott aufzusteigen, lautet wie folgt: Wenn eine Vollkommenheit, deren Begriff keine Unvollkommenheit einschließt, in verschiedenen Graden in verschiedenen Seienden existiert, kann keines der Seienden, das sie in unvollkommenem Maße besitzt, ausreichende Erklärung dafür liefern. Stattdessen muss diese Vollkommenheit ihre Ursache in einem höheren Sein haben, das dieselbe Vollkommenheit besitzt.

Dieses Prinzip hat seine Wurzeln in der platonischen Lehre und verweist auf die Lehre der Ideen: In der Höhle fanden wir die Wesen (Ideen) aller Seienden in dieser Welt. Diese vollkommene Einheit, dieses höchste Gut, diese unbestreitbare Wahrheit existieren nur in der Welt der Ideen. Nicht in dieser Welt. Wir erinnern uns daran, dass für Plato die Ideen nicht Ideen sind, wie wir sie verstehen. Sie sind im Gegenteil reale Typen. Mit anderen Worten, Dinge. Die Realität ist der reale Typ namens Idee. Das Sein in dieser Welt ist nicht real. Es ist eine Erscheinung, die wir in der Höhle erkennen. Den realen Typ (Idee) werden wir erkennen, wenn wir aus der Höhle ins Freie gehen, wo die Realität der Dinge (Ideen) existiert.

Aristoteles wird das von Plato aufgestellte Prinzip folgendermaßen zusammenfassen:

Wenn mehr und weniger existieren, existiert auch das Vollkommene; daher, wenn es bessere Seiende gibt als andere, muss es etwas Vollkommenes geben, das nur das Göttliche sein kann.

Von diesem Ausgangspunkt ergeben sich zwei weitere Prinzipien:

1-Wenn ein bestimmtes Merkmal in vielen Seienden vorkommt, ist es unmöglich, dass jedes von ihnen es von sich aus besitzt. Was einer nicht von sich aus besitzt, erhält er von einem anderen: Er partizipiert daran. Durch dieses Prinzip erheben wir uns von der Vielfalt zur Einheit.

2-Wenn eine Qualität oder ein Merkmal, dessen Begriff keine Unvollkommenheit einschließt, in einem Seienden in einem unvollkommenen Zustand vorhanden ist, also mit Unvollkommenheit vermischt ist, dann besitzt dieses Seiende es nicht von sich aus, sondern erhält es von einem anderen, der es von sich aus besitzt. Durch dieses Prinzip erheben wir uns nicht nur von der Vielfalt zur Einheit, sondern auch von der Zusammensetzung zur Einfachheit und somit von der Unvollkommenheit zur Vollkommenheit.

Wir befinden uns mitten in der platonischen Lehre. Das heißt, es ist notwendig zu erklären, wie der gemäßigte Realismus des heiligen Thomas den radikalen Realismus Platons annimmt, ohne radikal zu werden. Ohne in die Lehre der Ideen zu verfallen. Die Erklärung ist einfach: Aristoteles.

Es ist der Stagirite, der in seiner *Metaphysik* II, Kapitel 9 und *Metaphysik* VII, Kapitel 10 lehrt, dass nur Qualitäten oder Merkmale, deren Form das Verständnis von aller Materie abstrahiert, in einem Zustand getrennt von Materie und Individuen existieren können. Im Gegensatz dazu kann das, dessen Begriff eine gemeinsame Materie impliziert (zum Beispiel der Begriff des Menschen impliziert Fleisch und Knochen), nicht in einem Zustand getrennt von Materie und Individuen existieren. Daher sagen wir, dass es kein Fleisch geben kann, das kein solches Fleisch ist. Tatsächlich ist Fleisch etwas Materielles und Ausgedehntes, das bestimmte Teile und eine bestimmte Ausdehnung hat und nicht eine andere. Fleisch kann unabhängig von den individualisierenden Bedingungen des Menschen gedacht werden, aber es kann nicht ohne den Menschen existieren.

In Platons der Mensch ist eine reale Idee-Typus, die in der äußeren Welt außerhalb der Höhle existiert. Das ist die wirkliche Welt: die Welt der Wesen. Unsere Welt (die Höhle) wird von Erscheinungen der Ideen bewohnt. Schatten von ihnen, die sich abbilden. In der aristotelischen Philosophie gibt es keine solche Dichotomie. Die Welt ist eine einzige. Die Idee ist eine Abstraktion. Die Wesen der Dinge liegen in den Dingen selbst, nicht in einer anderen Welt. Es gibt keine realen Idee-Typen außerhalb der Dinge selbst, die eine angebliche Welt bewohnen, die unserer fremd ist.

Was Aristoteles beschreibt, ist nicht der Fall bei Eigenschaften, die keine Materie haben, die die Arten und Gattungen beherrschen und daher in verschiedenen Graden verwirklicht sind. Dies gilt für das Sein, die Einheit, die Wahrheit, die Güte, die Schönheit, die Intelligenz usw. Diese können und müssen in einem höheren Sein existieren, das sie in höchstem Maße besitzt.

Diese Unterscheidung in den Dingen ist es, die es nach Garrigou-Lagrange dem Eingelhaften Doktor ermöglich, Plato zu folgen, ohne in den radikalen Realismus zu verfallen.

Es gibt kein Seiende, das Ursache für andere sein kann, da es von derselben Natur ist wie sie und genauso arm oder unzureichend ist. Wenn eine bestimmte Eigenschaft in vielen Seiende existiert, ist es unmöglich, dass jedes von ihnen sie von sich aus besitzt. Was einer nicht von sich aus besitzt, erhält er von einem anderen: Er partizipiert daran. Daher konnte Platon behaupten, dass man nicht ohne Einschränkung sagen kann, dass Phaidros schön ist (*Phaidros*, 102, B), dass Sokrates in uneingeschränktem Maße groß ist; dass das Wissen der Menschen Wissen ohne Einschränkung ist. Bei den Menschen sind diese Qualitäten (Schönheit, Größe, Wissen) nicht rein, sondern mit ihren Gegenteilen vermischt. Sokrates ist gleichzeitig groß und klein, groß im Vergleich zu Phaidros, klein im Vergleich zu Simmias, und hat daher nicht die Größe, die Kleinheit ausschließt, sondern er nimmt nur teil. Ebenso sagen wir, dass das menschliche Wissen einige Dinge weiß und andere ignoriert, ist mit

Ignoranz vermischt; daher ist es nicht Wissen ohne Einschränkung, sondern nimmt nur am Wissen teil.

Wie gelangen wir nun zur Behauptung der Existenz absoluter Schönheit, absoluter Wissenschaft? Zu sagen "Unvollkommenheit" heißt "Zusammensetzung" oder "Mischung einer Vollkommenheit mit dem, was sie begrenzt". Es ist keine Mischung von Vollkommenheit mit Unvollkommenheit: Schönheit mischt sich nicht mit Hässlichkeit und Wissenschaft nicht mit Ignoranz. Das würde bedeuten, dass die bedingungslose Vereinigung des Verschiedenen möglich ist. Dies würde gegen das Prinzip der Identität verstoßen.

Diese Begrenzung der Vollkommenheit kann sein:

-Ihr Gegenteil: Sokrates ist groß und klein; sein Wissen und sein Irrtum betrachtet aus verschiedenen Blickwinkeln.

-Ihre Privation: Die menschliche Wissenschaft, die einige Dinge weiß, ignoriert andere, die sie dennoch lernen kann.

-Ihre Negation: Die menschliche Wissenschaft kennt einige Dinge und ignoriert andere, die ihr unzugänglich sind.

Im Seiende findet daher jede Vollkommenheit ihre Begrenzung. Die Verbindung einer Vollkommenheit und ihrer Begrenzung erfordert, da sie nicht bedingungslos ist, einen extrinsischen Grund. Jedes zusammengesetzte Seiende, wie auch jede Veränderung, erfordert eine Ursache. Diese Ursache wird im Seiende selbst nicht gefunden. Kann Phaidros sich selbst den Grund für die unvollkommene Schönheit geben, die in ihm existiert?

Es ist offensichtlich, dass Phaidros diese Vollkommenheit nicht aufgrund dessen besitzt, was in seinem eigenen Sein ist, aus zwei Gründen: (...) Das, was sein eigenes Sein ausmacht, ist nur in ihm, im Gegensatz dazu existiert die Schönheit in anderen Seienden; das, was sein eigenes Sein ausmacht, ist unteilbar und enthält weder mehr noch weniger, während in Phaidros die Schönheit verschiedene Grade aufweist.

Schließlich vervollständigt er den Weg, indem er die Lehre von Akt und Potenz nutzt und sie auf *essentia* (Potenz) und *esse* (Akt) anwendet. In der Tat empfängt jedes kontingente Seiende die Existenz in seiner Wesen, die es begrenzt. Alle Seiende nehmen in unterschiedlichem Maße am Existenz teil. Ihre Existenz ist nicht durch sich selbst begrenzt, sondern durch die Wesen, die sie empfängt. Das Wesen ist ein Vermögen zu existieren, und es ist umso vollkommener, je weniger begrenzt es ist, da es in der Lage ist, mehr am Existenz teilzunehmen.

Diese Zusammensetzung, diese Dualität von begrenztem Wesen und begrenzter Existenz, setzt eine Ursache voraus, und zwar eine Ursache, in der es keine Zusammensetzung mehr gibt, keine Vermischung von Potenz und Akt, eine Ursache, die reiner Akt ist, souverän aus sich selbst und von Ewigkeit her bestimmt, reines Sein ohne Vermischung mit Nicht-Sein, und daher unendliche Vollkommenheit (vgl. I, q.7, a.1).

15. DER FÜNFTE WEG

Es ist der Beweis durch die Ordnung der Welt.[139] Auch bekannt als der teleologische oder physikalisch-teleologische Beweis für die Gesamtordnung der Natur in Richtung ihres Ziels.[140] Er gründet sich in der Betrachtung der Lenkung der Dinge.[141] Das Argument dieses Weges wird als das "Argument des Zwecks" bezeichnet, obwohl es vorzuziehen wäre, Begriffe wie "Richtung" oder sogar "das Teleologische" zu verwenden, anstelle von "Zweck".[142] Oft wird es auch als "Argument der finalen Ursachen" bezeichnet.[143]

Der Ausgangspunkt des Fünften Weges, der ihn von den anderen unterscheidet, dreht sich um den Begriff der finalen Ursache. Deshalb wird dieser Weg als Weg der Finalität und als teleologischer oder intentionaler Weg bezeichnet.[144]

Sankt Thomas erklärt ihn in der *Summa Theologica*:

Der fünfte Weg basiert auf der Ordnung der Welt. Wir sehen, dass Dinge ohne Intelligenz, wie natürliche Körper, für einen Zweck handeln, und dies ergibt sich aus ihrer ständigen oder fast immer gleichen Handlungsweise, um das beste Ergebnis zu erzielen. Daher ist offensichtlich, dass sie nicht zufällig, sondern absichtlich ihr Ziel erreichen. Nun kann alles, was keine Intelligenz besitzt, sich nicht auf ein Ziel zubewegen, es sei denn, es wird von einem Sein gelenkt, das über Wissen und Intelligenz verfügt, so wie der Pfeil vom Bogenschützen auf sein Ziel geschossen wird. Daher existiert ein intelligentes Sein, durch das alle natürlichen Dinge zu ihrem Ziel gelenkt werden; und dieses Sein nennen wir Gott.[145]

Sankt Thomas wiederholt die Erklärung des Fünften Weges in der *Summa contra Gentiles*:

Damaszener stellt ein weiteres Argument für dieselbe Schlussfolgerung vor, das aus der Ordnung der Welt genommen ist [De fide orthodoxa I, 3]. Auch Averroes deutet darauf hin [In II Physicorum]. Das Argument lautet wie folgt. Entgegengesetzte und verschiedene Dinge können nicht immer oder meistens Teile einer Ordnung sein, es sei denn unter der Leitung eines bestimmten Seins, das es allen und jedem ermöglicht, auf ein bestimmtes Ziel hinzuarbeiten. Aber in der Welt finden wir, dass Dinge unterschiedlicher Natur unter einer Ordnung zusammenkommen, und das nicht selten oder akzidentell, sondern immer oder meistens. Es muss daher ein Sein geben, durch dessen Vorsehung die Welt regiert wird. Das nennen wir Gott.[146]

Das Argument des Fünften Weges beruht auf dem Prinzip der Finalität, nach dem *jedes Agent handelt mit einem Zweck*. Dieses Prinzip ist eine unmittelbare Ableitung des Prinzips des ausreichenden Grundes; und dieses reduziert sich durch die Reduktion auf das Unmögliche auf das Identitätsprinzip.

Tatsächlich erinnert uns der heilige Thomas daran, dass jedes Seiende einen Zweck hat. Dass dieser Zweck von den Seienden mit Verstand bekannt ist und bewusst angestrebt wird; und dass auch diejenigen, die keinen Verstand haben, zu ihrem eigenen Zweck neigen. Aber in jedem Fall geschieht die Suche nach dem Zweck in einer gewissen Ordnung. Jedes Seiende wirkt in einem allgemeinen Rahmen, so dass das Ganze als geordnet erscheint. Diese Ordnung dem Zufall zuzuschreiben, bedeutet kurz gesagt, nichts zu erklären.

Es ist verständlich, dass intelligente Seiende ihr Ziel kennen und danach handeln. Es ist nicht verständlich, wie diejenigen, die es nicht sind, dies tun können. Es scheint also, dass es jemanden gibt -eine höhere Intelligenz-, die die Seienden auf natürliche Weise zu ihrem Ziel führt. Die einen entdecken es aufgrund ihres Verstandes, weil sie in der Lage sind, es zu tun. Die anderen werden auf natürliche Weise dazu gedrängt, es zu erreichen. Aber in beiden Fällen bilden alle eine geordnete Symphonie von Handlungen, die Zwecke verfolgen, sodass niemand einem anderen schadet und alle das erreichen, wonach sie gesucht haben.

Was Thomas von Aquin in seinem Fünften Weg sagt, lautet wie folgt: In der Natur gibt es Dinge, die, obwohl sie kein Verständnis haben, ihre Aktivitäten geordnet entwickeln, weil sie immer handeln, oder zumindest meistens, in Bezug auf das, was für sie am besten ist. Dies kann nicht das Ergebnis des Zufalls sein, sondern eine Ausrichtung auf ein Ziel. Da sie das Ziel selbst nicht kennen, müssen sie von einem anderen intelligenten Seiende gelenkt werden -Passivität- wie der Pfeil vom Bogenschützen, und wenn dieser auch gelenkt und veränderlich ist, muss er von einem anderen gelenkt werden, und schließlich von einem ersten intelligenten Sein, das nicht mehr von einem anderen gelenkt wird und von niemandem abhängt, sondern alle anderen natürlichen Dinge zu ihrem Ziel ordnet; und dieses Sein nennen wir Gott.[147]

Schauen wir uns die allgemeinen Merkmale dieses Weges an:

1-Die Vorstellung von einem Gott als Ordnungsmacher des Universums war ein gemeinsames Gut der christlichen Theologie, das fest in den Schriften verankert war. Allerdings verweist der Heilige Thomas in seiner *Summa contra Gentiles* auf Johannes Damaszener. Dies scheint die Quelle für sein Argumentationsmodell zu sein.[148]

2-Dies ist eines der ältesten Argumente in der Geschichte des Denkens. Bei Homer ist es Zeus, der Ordnung schafft; er lenkt und ordnet alles (*Ilias*, VIII, 22; XVII, 339). Unter den Philosophen ist es Xenophanes, der von Gott spricht und sagt, dass *er alle Dinge durch die Kraft des Geistes lenkt*. Anaxagoras ist der erste, der Geist und Materie klar voneinander trennt. Die Intelligenz regiert und ist am Anfang und über den Dingen (vgl. *Metaphysik*, Buch I, Kapitel 3). Sokrates entwickelt das Argument der letzten Ursachen (vgl. *Memorabilia* IV, 3; I, 4; *Phaidon*, 96, 199) und betont die glücklichen Zusammensetzungen des menschlichen Körpers, die harmonische Verknüpfung von Mitteln und Zwecken. Er sieht in der Natur Spuren eines Verstandes und findet darin den Beweis für eine wohltätige Macht, die sich um die Menschen kümmert (*Memorabilia* IV, 3). Er sagte nicht, dass Phänomene auftreten, weil es notwendig ist, sondern weil es gut ist. Dies ist zumindest eine Zusammenfassung von Sokrates' Rede in

Platons Phaidon (96, 199). Sokrates erkannte die Vorsehung an. Platons (*Phaidon*, 100) macht sich über diejenigen lustig, die, wie Demokrit, das Universum ohne Verstand, nur aufgrund materieller Ursachen und Effekte erklären wollen. In *Die Gesetze* Buch X folgert er, dass Gott alles in Anbetracht der größten Vollkommenheit angeordnet hat. Aristoteles betonte und verteidigte metaphysisch sogar die kleinere dieser Argumente: *Jeder Agent handelt mit einem Ziel* (*Physik*, Buch II, Kapitel 3). Was die größere betrifft, ist seine Lehre nicht klar ersichtlich.[149]

3-Sie wurde durch den Vierten Weg vorbereitet, der von der Vielfalt der Seienden in verschiedenen Graden geordnet ist und zu dem höchsten Grad jeder Qualität oder Eigenschaft führt, die die Seienden haben können. Der Fünfte Weg wird von der Vielfalt der Seienden, die auf ihr Ziel hin geordnet ist, aufsteigen, um in einer ordnenden Intelligenz zu enden. Das Argument dieses Weges kann nicht nur von der Ordnung der physischen Welt ausgehen, sondern von jedem Seienden, *in dem ein Teil auf ein anderes, selbst wenn es nur das Wesen, das zur Existenz, die Intelligenz zu ihrer Akt geordnet ist. Auf diese Weise können wir zu einer Intelligenz aufsteigen, die ihre eigene Intelligenz ist; noch mehr, die immer gegenwärtige Intelligibilität, die sie betrachtet, das Sein an sich.*[150]

Wenn ein Bildhauer benötigt wird, um eine Statue zu machen, wird mit noch größerem Grund eine intelligente Ursache benötigt, um eine lebende Statue zu formen; wenn ein Homer benötigt wurde, um die Ilias zu verfassen, wurde mit noch größerem Grund eine intelligente Ursache benötigt, um einen Homer zu formen. Jede geordnete Wirkung erfordert eine ordnende Ursache, das heißt, eine intelligente.[151]

4-Die Formel zur Erklärung ist in der *Summa contra Gentiles* effektiver, aber weniger tiefgreifend als in der *Summa Theologica*.

5-Der Fünfte Weg hat einen besonderen Status. Obwohl in der *Summa Theologica* der Erste Weg vom Engelhaften Doktor als der "offensichtlichste" *(via manifestior)* bezeichnet wurde, bezeichnet er in seinem Werk *Kommentar zum Evangelium nach Johannes* das Argument des Fünften Weges als "sehr effektiv". Diese Information verdient Beachtung, insbesondere weil der *Kommentar* nach der *Summa* geschrieben wurde.[152]

6-Kant hatte gegenüber dem Argument des Fünften Weges einen erheblichen intellektuellen Respekt. Dies aufgrund seines Alters, seiner Klarheit und seiner überzeugenden Kraft. Er verweigerte ihm jedoch den Status eines überzeugenden Beweises.[153]

7-Gilson betrachtet dies als den vertrautesten Beweis für Theologen und den beliebtesten unter den Fünf Wegen.

8-Das Argument des Fünften Weges verweist auf die finale Ursache.

In seiner tiefsten Bedeutung sieht er in der finalen Ursache den Grund, warum die wirkende Ursache, das heißt die Ursache der Ursache, ausgeübt wird. Es erreicht nicht nur oder vor allem den Grund für die Ordnung in der Natur, sondern vor allem den Grund, warum es überhaupt eine Natur gibt.[154]

Die Erfahrung ermöglicht es uns festzustellen, dass Dinge unterschiedlicher Natur in derselben Ordnung miteinander vereinbar sind. Dass dies nicht gelegentlich und zufällig geschieht, sondern immer oder zumindest meistens. Schnell verstehen wir, dass es ein Sein geben muss, dessen Vorsehung die Welt regiert. Wir nennen es Gott.

9-Das Argument des Fünften Weges bezieht sich auf die **innere Zielsetzung** der Seienden. Das, wofür sie handeln, wie sie handeln: Augen sind zum Sehen da, Ohren zum Hören, Flügel zum Fliegen usw. Das Argument erwähnt nicht die **äußere Zielsetzung**, nämlich die Existenz einer Hierarchie zwischen untergeordneten Seiende, bei der ihr individuelles Handeln dazu beiträgt, das allgemeine Ziel des Universums zu erreichen. Es handelt sich um eine höhere Ordnung, auf die alle Seiende natürlich hinwirken, wenn sie handeln, um ihre innere Zielsetzung zu erfüllen.

10-In der *Summa Theologica* erwähnt das Argument des Fünften Weges den Zufall. Wir werden den Begriff nicht näher erläutern. Wir verweisen einfach auf die Erklärung, die der Heilige Thomas in der *Summa contra Gentiles* Buch III, Kapitel 3, dazu gibt:

Darüber hinaus wird das, was sich aus der Handlung eines Agenten ergibt, aber ohne die Absicht des Agenten, als zufällig oder glücklich bezeichnet. Wir beobachten jedoch, dass das, was in der Natur geschieht, entweder immer oder meistens besser ist. So sind beispielsweise in der Pflanzenwelt die Blätter so angeordnet, dass sie die Frucht schützen, und bei Tieren sind die Körperteile so angeordnet, dass sich das Tier schützen kann. Daher wäre es, wenn dies ohne die Absicht des natürlichen Agenten geschehen würde, ein Zufall oder Glück. Dies ist jedoch unmöglich, denn Dinge, die immer oder meistens vorkommen, sind weder zufällige noch glückliche Ereignisse, sondern nur solche, die selten auftreten. Daher strebt der natürliche Agent nach dem Besseren, und es ist viel offensichtlicher, dass der intelligente Agent dies tut. Daher beabsichtigt jeder Agent das Gute, wenn er handelt.[155]

Das heißt, der Zufall bezieht sich auf eine akzidentelle Ursache. Auf Ereignisse oder Situationen, die selten und außerhalb der Absicht des Agenten geschehen. Wenn es sich auf menschliche Aktivitäten bezieht, wird der Zufall Glück oder Schicksal genannt.[156] Aristoteles war der Erste, der in der westlichen Philosophie eine detaillierte Analyse des Konzepts des Zufalls lieferte.

Die Unterscheidung zwischen Zufall und Glück entspricht in etwa der Unterscheidung zwischen dem, was "zufällig" in den Naturphänomenen passiert, und dem, was "zufällig" in menschlichen Angelegenheiten passiert. Dass es zufällig ist, schließt aus, dass es notwendig ist. Es bedeutet jedoch nicht, dass es unlogisch oder unerklärlich ist. Gemeinsam für Zufall und Glück ist die Tatsache, dass sie Ereignisse (außergewöhnlicher Art) bezeichnen, die auftreten, wenn unabhängige kausale Serien sich überschneiden. (...) Wenn jemand auf den Markt geht, um Öl zu kaufen, und dort jemanden trifft, der ihm Geld schuldete und es ihm zurückzahlt, ist das Gehen auf den Markt die per accidens Ursache für die Tilgung der Schuld. Zwei unabhängige kausale Serien - A, die mit einem bestimmten Ziel auf den Markt geht, x; B, die mit einem bestimmten Ziel auf den Markt geht, y, aber weder x noch y "eine Schuld einzufordern" oder "eine Schuld zu bezahlen" sind - treffen aufeinander und führen zu dem außergewöhnlichen und unerwarteten Ereignis (aber nicht unerklärlichen) namens Glück oder Schicksal: die Begleichung der Schuld.[157]

Es ist also klar, dass der Zufall oder das Glück aufgrund ihres zufälligen Wesens weder das Ziel, das die Seienden bewegt, noch die Ordnung des Universums selbst erklären können und können.

11-Das Argument selbst führt zu einem Planer, einem Regisseur oder einem Architekten des Universums. Es bedarf einer weiteren Argumentation, um zu zeigen, dass dieser Architekt nicht nur ein Demiurg ist, sondern auch der Schöpfer.[158]

ZUM ABSCHLUSS

1-Was ist ein Prinzip?

Ein Prinzip ist das, von dem etwas in irgendeiner Weise abgeleitet wird. Gemeinsam für alle Arten von Prinzipien ist, dass es das Erste ist, von dem etwas ist, entsteht oder bekannt ist. Ein Prinzip kann ein einfacher Ausgangspunkt sein, wie der Punkt als Prinzip der Linie oder die Einheit als Prinzip der Zahl.

2-Was sind die drei Bedingungen, die erfüllt sein müssen, um von einem Prinzip zu sprechen?

Es sind folgende: 1-Das Prinzip muss sich zumindest virtuell und in Bezug auf die Vernunft vom Prinzipierten unterscheiden. 2-Das Prinzip muss in irgendeiner Weise vor der Sache stehen, die damit begonnen hat. 3-Es muss eine Verbindung zwischen dem Prinzip und dem Prinzipierten geben.

3-Wie viele Klassen oder Arten von Prinzipien unterscheiden wir?

Wir unterscheiden vier Klassen oder Arten von Prinzipien.

4-Welche sind diese vier Klassen oder Arten von Prinzipien?

Es sind die folgenden: 1-<u>Prinzip des Wissens</u> *(principium cognitionis)*. Es bezieht sich auf die geistige Ordnung oder das Wissen, wie das Vorhergehende das Prinzip des Nachfolgenden ist und das Axiom die Schlussfolgerung oder These, die darin enthalten ist. 2-<u>Prinzip der Konstitution oder des Wesens</u> *(principium constitutionis vel essentiae)*. Es entspricht den internen Elementen oder Teilen einer Natur, wie Materie und Form in Bezug auf natürliche und künstliche Verbindungen, das Fundament in Bezug auf das Haus, Sauerstoff und Wasserstoff in Bezug auf Wasser. 3-<u>Prinzip des Ursprungs</u> *(principium originis)*. Die Morgendämmerung im Verhältnis zum Tag, das Verständnis im Verhältnis zur Freiheit, usw. 4-<u>Prinzip der Existenz</u> *(principium existendi)*. Es gehört zum Seienden, das die Existenz eines anderen Seienden durch einen realen Einfluss bestimmt. Es entspricht dem, was wir eine effiziente Ursache nennen werden.

5-Sind alle Ursachen Prinzipien?

Ja, wie Aristoteles in der Metaphysik lehrt, sind alle Ursachen Prinzipien. Aber nicht alle Prinzipien sind Ursachen.

6-Wie ist die vorherige Antwort zu verstehen?

Sie wird verstanden, indem man der Erklärung von Thomas von Aquin folgt. Er lehrt, dass der Begriff "Prinzip" eine gewisse Ordnung impliziert. Aber der Begriff "Ursache" impliziert einen realen Einfluss auf die Existenz des verursachten Seienden. Daher bezieht sich der Begriff des Prinzips, wenn man von der Ursache absieht, nur auf das Prinzip des Wissens und noch genauer auf das Prinzip des Ursprungs. Das Prinzip der Konstitution oder des Wesens bezieht sich tatsächlich auf die materielle Ursache und die formale Ursache. Und das Prinzip der Existenz bezieht sich auf die effiziente Ursache.

7-Was ist eine Ursache?

Eine Ursache ist ein Prinzip, das die ausreichende Grundlage für den Übergang eines Seienden vom Nichtsein zum Sein in sich trägt. Es ist das, von dem etwas abhängt, sei es in Bezug auf sein Sein oder sein Werden.

8-Welche andere Definition können wir für Ursache geben?

Die folgende: Es ist ein Prinzip, das von sich aus einem anderen Seienden das Sein vermittelt. Wir sagen "Prinzip", weil von ihr der Effekt abgeleitet wird. "Von sich aus" deshalb, weil sie in einem wahren und eigentlichen Sinn den Einfluss ausübt, der das Sein hervorbringt. "Das vermittelt" bedeutet, dass es das "Sein" oder die "Existenz" bereitstellt. "aus einem anderen Seienden " bedeutet, dass es sich auf ein anderes Seiende bezieht, im wesentlichen Sinne.

9-Wie nennt man das, dem die Ursache das Sein vermittelt?

Es wird als Effekt bezeichnet.

10-Wie kann der Effekt definiert werden?

Der Effekt ist das, was ohne weiteres von einer beliebigen Ursache stammt.

11-Welche Elemente unterscheiden wir in der Beziehung von Ursache und Wirkung?

Wir unterscheiden drei Elemente: 1-Die reale Unterscheidung zwischen Ursache und Wirkung: Die Ursache ist ein Seiende, die Wirkung ein anderes. 2-Die tatsächliche Abhängigkeit im Sein: Das verursachte Seiende geht tatsächlich aus dem Nichtsein ins Sein über. 3-Die ontologische Vorherigkeit der Ursache gegenüber der Wirkung.

12-Unterscheidet sich die Ursache von der Antezedenz?

Ja, es handelt sich um verschiedene Realitäten. Die Antezedenz ist das Ereignis, das vor einem anderen, genannt Consequente, eintritt oder wahrgenommen wird, auf das es keinen kausalen Einfluss haben kann. Zum Beispiel: die Nacht und der Tag.

13-Unterscheidet sich die Ursache von der *conditio sine qua non*?

Ja. Die *conditio sine qua non* wird benötigt, damit die Agenten Ursache tätig wird, hat jedoch keinen Einfluss auf die Wirkung. Sie dient lediglich dazu, ein Hindernis zu beseitigen, das der Agenten Ursache daran gehindert hat, zu handeln. Zum Beispiel: das Öffnen der Fenster, damit die Sonne in einen Raum eindringen kann.

14-Unterscheidet sich die Ursache von der Gelegenheit?

Ja, sie unterscheidet sich. Die Gelegenheit ist eine reine günstige Umstände, die sich der effizienten Ursache bietet, um zu handeln.

15-Wie ist die Ursache unterteilt?

Die Ursache ist in zwei Gruppen unterteilt: intrinsische Ursachen und extrinsische Ursachen.

16-Was sind intrinsische Ursachen?

Es sind solche, die dazu beitragen, die Wirkung durch die gegenseitige Kommunikation ihrer eigenen Realität zu erzeugen. Sie üben ihre

Kausalität aus, indem sie diese Realität gegenseitig kommunizieren und so das zusammengesetzte Ergebnis bilden. Es sind die materielle Ursache und die formelle Ursache.

17-Wie werden die intrinsische Ursachen klassifiziert?

Sie werden in zwei Unterkategorien unterteilt: 1-<u>Im materiellen Ganzen</u> 1.1 Materielle Ursache=erste Materie *(materia prima)* 1.2.Formale Ursache=Substantielle Form. 2-<u>Im akzidentellen Ganzen</u>. 2.1.Materielle Ursache: zweite Materie in den Körpern. 2.2.Formale Ursachen: akzidentelle Formen.

18-Was sind extrinsische Ursachen?

Es sind solche, die von der Wirkung getrennt bleiben.

19-Wie werden extrinsische Ursachen klassifiziert?

Sie werden in finale Ursache und effiziente Ursache klassifiziert.

20-Wie viele Arten von Ursachen gibt es?

Basierend auf dem Gesehenen schließen wir, dass es vier Arten von Ursachen gibt: materielle, formelle, finale und effiziente.

21-Was ist die materielle Ursache?

Die Materie, in die eine neue Form eingeführt wird, ist die materielle Ursache. Zum Beispiel: der Marmor, der die Form einer Statue annimmt.

22-Was ist die formelle Ursache?

Die formelle Ursache ist die Form, die in die Materie eingeführt wird. Zum Beispiel: die Form der Statue.

23-Was ist die finale Ursache?

Die finale Ursache ist der Zweck, den der Handelnde beim Wirken auf die Materie verfolgt, um die neue Form zu erzeugen.

24-Was ist die effiziente Ursache?

Die effiziente Ursache ist dasjenige, das mit seiner Handlung auf die Produktion oder Existenz eines Seienden einwirkt.

25-Welche ist die wichtigste unter allen Ursachen?

Die effiziente Ursache ist die wichtigste unter allen und die, die am ehesten den Grund des Verursachens in sich trägt.

26-Wie können die vier Arten von Ursachen veranschaulicht werden?

Wenn ein Bildhauer eine Statue von Alexander anfertigt, um Ressourcen zu beschaffen, ist die Statue das Ergebnis; der Marmor, aus dem sie gemacht wurde, ist ihre materielle Ursache; die Anordnung oder Form, die dem Marmor gegeben wurde, um Alexander den Großen darzustellen, ist ihre formelle Ursache; das Geld, das er mit dem Verkauf erwerben wollte, ist ihre finale Ursache; der Bildhauer, der sie geschaffen hat, ist ihre effiziente Ursache.

27-Können weitere Arten von Ursachen hinzugefügt werden?

Ja, einige Autoren fügen zwei weitere Arten hinzu: die Instrumentalursache und die beispielhafte Ursache. Aber in Wirklichkeit sind sie Unterteilungen der vorherigen und reduzieren sich auf eine von ihnen.

28-Auf welche Art von Ursache reduziert sich die Instrumentalursache?

Die Instrumentalursache reduziert sich auf die effiziente Ursache. Tatsächlich können wir die effiziente Ursache in zwei Arten unterteilen: Hauptursache und Instrumentalursache. Zum Beispiel sagen wir, dass der Maler die Haupteffiziente Ursache eines Gemäldes ist und dass der Pinsel, den er verwendet, die Instrumentalursache ist.

29-Auf welche Art von Ursache reduziert sich die beispielhafte Ursache?

Die beispielhafte Ursache kann auf die formelle Ursache, die effiziente Ursache oder die finale Ursache reduziert werden.

30-Wie definieren wir die beispielhafte Ursache, wenn sie auf die effiziente Ursache reduziert wird?

Normalerweise reduziert sich die beispielhafte Ursache auf die effiziente Ursache, da sie dieser die Norm für das Handeln gibt.

31-Wie definieren wir die beispielhafte Ursache, wenn sie auf die formelle Ursache reduziert wird?

Wir können sie definieren, indem wir sagen, dass sie die Produktion und Einführung der Form in die Materie reguliert und lenkt. Zum Beispiel ist die beispielhafte Ursache der Statue die Idee oder das Bild, das der Künstler in seinem Geist im Voraus formt, mit der Absicht, es auf den Marmor zu übertragen.

32-Wie definieren wir die beispielhafte Ursache, wenn sie auf die finale Ursache reduziert wird?

Die finale Ursache weist den Agenten auf die Art und Weise hin, wie er den Endzweck erreichen sol. Anhand des Beispiels in der vorherigen Antwort ist es dieselbe Idee des Künstlers, solange er versucht oder beabsichtigt, sie im Material umzusetzen.

33-Wie ist die Hierarchie der Ursachen in natürlicher Reihenfolge?

In natürlicher Reihenfolge steht die materielle Ursache an erster Stelle. Tatsächlich setzt jede geschaffene Ursache die Existenz von Materie voraus, um zu wirken. An zweiter Stelle steht die finale Ursache, die den Agenten zum Handeln bewegt. An dritter Stelle steht die effiziente Ursache, die die Form in das Material bringt. Und an vierter und letzter Stelle steht die formelle Ursache, deren Produktion und Verbindung mit dem Material das Ergebnis ergibt.

34-Wie ist die effiziente Ursache unterteilt?

Die Hauptteilungen der effizienten Ursache sind wie folgt: 1.Erste Ursache und zweite Ursache. 2.Hauptursache und Instrumentalursache. 3.Ursache an sich *(per se)* und *per accidens* oder akzidentelle Ursache. 4.Freie Ursache und notwendige Ursache. 5.Vollständige oder adäquate

Ursache und Partielle oder unangemessene Ursache. 6.Universale oder equivoke Ursache und Partikuläre oder univoke Ursache. 7.Physische Ursache und moralische Ursache.

35-Was ist die vollkommene effiziente Ursache?

Die vollkommene effiziente Ursache wird von Gott ausgeführt. Alle anderen effizienten Ursachen sind unvollkommen, da sie ihrerseits verursacht und bewegt werden.

36-Welche Merkmale hat die vollkommene effiziente Ursache?

Die vollkommene effiziente Ursache hat folgende Eigenschaften: 1.Sie ist unmittelbar. Sie ist ihre eigene Operation. 2.Sie ist intelligent. Sie besitzt die beispielhafte Idee und kennt das Ziel der Geschöpfe, die sie erschafft. 3.Sie ist analog. Auf hervorragende Weise in der Einfachheit ihrer Wesen besitzt sie die Vollkommenheit all ihrer Wirkungen. 4.Sie ist total. Sie benötigt kein vorheriges Subjekt, kann aber die Aktivitäten natürlicher Agenten als teilweise Instrumente verwenden.

37-Was ist das Ziel?

Das Ziel ist das, worauf etwas, sei es ein Wesen, Sein oder eine Handlung, hinausläuft. Der Agent hört auf zu handeln, wenn er es erreicht.

38-Was drückt das Ziel aus?

Das Ziel drückt das Ende der freiwilligen Absicht des Agenten aus.

39-Was ist die finale Ursache?

Die finale Ursache ist das, wofür man etwas tut. Sie bewegt die effiziente Ursache, und diese wiederum setzt die materiellen und formalen Ursachen um.

40-Wie unterscheidet sie sich von der effizienten Ursache?

Während die effiziente Ursache durch die Handlung, die sie hervorbringt, Einfluss auf das Ergebnis nimmt, beeinflusst die finale Ursache das Ergebnis, indem sie den Agenten anzieht und neigt, sie zu sich zu ziehen. Das bedeutet, sie bringt im Agenten ein bestimmtes Wohlgefallen und den Wunsch, das Ergebnis zu besitzen.

41-Was bewegt den Agenten dazu, die effiziente Ursache umzusetzen?

Die tatsächliche oder scheinbare Güte, die in der finale Ursache existiert, ist es, die den Agenten dazu bewegt, die effiziente Ursache zu setzen. Der Agent handelt, um das zu erreichen, was er subjektiv als gut betrachtet, auch wenn es objektiv nicht so ist.

42-Kennt der Agent das Ziel?

Es gibt Agenten, die handeln, ohne das Ziel zu kennen, auf das sie abzielen. Dieses Ziel ist jedoch dem Schöpfer der Natur nicht unbekannt, der ihnen die notwendige Fähigkeit und Neigung mitgegeben hat, um es zu erreichen.

43-Woher stammt die Idee von Ursache und Kausalität?

Sie stammt aus unserer sinnlichen Erfahrung. Es ist keine angeborene Idee.

44-Wie lautet das Kausalitätsprinzip?

Es kann wie folgt formuliert werden: Was geschieht, hat eine Ursache.

45-Wie haben Aristoteles und Sankt Thomas die Kausalität angewendet?

Sie wandten sie in der Wissenschaft und im Studium Gottes (transzendente Kausalität) an. Die erste dieser Anwendungen stammt praktisch vollständig von Aristoteles, während die zweite mit Sankt Thomas von Aquin ihre volle Entwicklung fand.

46-Wo legt Aristoteles seine Lehre zur wissenschaftlichen Kausalität dar?

Aristoteles legt seine Lehre hauptsächlich in den *Zweiten Analytik* und in *Physik*, Buch II, dar.

47-Wie kann Aristoteles' Lehre zur wissenschaftlichen Kausalität zusammengefasst werden?

Wir können es in den folgenden Punkten zusammenfassen: 1.Wissenschaft ist das Wissen durch die Ursachen. 2.Die kausale Erklärung in den Wissenschaften kann entlang von vier Kausalitätslinien erfolgen. Im Bereich der Naturwissenschaften müssen die vier Arten von Ursachen berücksichtigt werden: materielle, formale, effiziente und finale. In der Mathematik arbeitet man mit der formalen Ursache. In der Metaphysik beschäftigt man sich mit den formalen, effizienten und finalen Ursachen. 3.Es ist wichtig, zwischen zwei Ebenen zu unterscheiden: der Ebene des objektiven Seins und der Erklärung. Auf der Ebene des objektiven Seins ist die Ursache das, was tatsächlich das Sein gibt, und dies erfolgt entsprechend den verschiedenen Arten von Ursachen. Wenn man die Ebene der abgeleiteten Erklärung betrachtet, ist die Ursache das, was die Erklärung jedes Seienden liefert, und dies erfolgt auch entlang der vier möglichen Erklärungslinien.

48-Wo legt Aristoteles seine Lehre zur transzendenten Kausalität dar?

Er legt sie in den Büchern VII und VIII der *Physik* und im Buch V der *Metaphysik* dar. Das zentrale Problem, das ihn beschäftigt, ist der Nachweis der Existenz Gottes.

49-Welche Einstellungen gibt es zur Kausalität?

Es gibt zwei Einstellungen: die phänomenalistische oder phänomenale und die ontologische oder metaphysische.

50-Worin besteht die phänomenalistische Kausalität?

Die phänomenalistische oder phänomenale Kausalität basiert auf dem Denken der Sukzession. Kausalität wird als reine Abfolge von Manifestationen oder Phänomenen verstanden. Der historische Ursprung dieses Denkens liegt im Nominalismus: William von Ockham (1285-1347), Nikolaus von Autrecourt (1299-1369) und Kardinal Pierre d'Ailly (1351-1420) vor allem.

51-Wer folgte den Nominalisten in ihrer Lehre über die Kausalität?
Diese Linie wurde von den Empirikern John Locke (1632-1704) und David Hume (1711-1776) fortgesetzt. Ebenso von den Positivisten und Kant. Mit Hegel brach sie endgültig zusammen.

52-Was ist Kausalität für Hume?
Für Hume ist Kausalität nichts weiter als eine bloße regelmäßige, zeitliche und räumliche Abfolge von Phänomenen, für die es keine objektiv begründete Notwendigkeit gibt. Das Kausalitätsprinzip hat nur synthetischen Wert. Er hielt ein nicht verursachtes Werden für möglich.

53-Was ist Kausalität für Kant?
Immanuel Kant (1724-1804) hingegen betrachtete die Existenz einer reinen Sukzessionskausalität. Er erkennt das Prinzip, aber nur als apriorische intellektuelle Kategorie von synthetischem Charakter, nicht analytisch.

54-Worin besteht die ontologische Kausalität?
Die ontologische oder metaphysische Kausalität ist die Kausalität des Seins. Die Ursache gibt das Sein und ist daher aktiv. Die Wirkung empfängt das Sein und ist folglich passiv. Sie beschreibt eine reale Abhängigkeit zwischen Ursache und Wirkung, sodass die zweite ihr Sein von der ersten erhält. Ohne diese Abhängigkeit gibt es keine metaphysische Kausalität.

55-Ist das Prinzip der Kausalität analytisch oder synthetisch?
Das Prinzip der Kausalität ist analytisch.

56-Gibt es eine reale oder formale Unterscheidung zwischen Ursache und Wirkung?
Es gibt eine reale Unterscheidung zwischen Ursache und Wirkung.

57-Wie beweist man das Prinzip der Kausalität?
Es gibt nur einen indirekten Beweis für das Prinzip der Kausalität: Man zwingt denjenigen, der es leugnet, das Prinzip des Widerspruchs zu

leugnen. Es handelt sich um die Reduktion auf das Prinzip des Widerspruchs.

58-Kann die Vernünftigkeit des Prinzips der Kausalität gerechtfertigt werden?

Wir können die Vernünftigkeit des Prinzips der Kausalität mit drei Argumenten rechtfertigen: 1.Nach Veränderung oder Werden. Jede Veränderung hat eine Ursache. 2.Nach Kontingenz. Das Seiende, das nicht aus sich selbst ist, ist notwendigerweise durch ein anderes verursacht. 3.Nach dem Prinzip des ausreichenden Grund. Jedes kontingente Seiende hat seinen ausreichenden Grund in einem anderen, das heißt, es ist verursacht..

59-Was verstehen wir unter Gott?

Unter Gott verstehen wir ein höchstes Sein, das mit absolut notwendiger Existenz von sich aus existiert und von dem die Gesamtheit oder Universalität der Sein abhängt, die nicht Er sind.

60-Warum ist es für einige nutzlos, die Existenz Gottes zu beweisen?

Für einige ist es nutzlos, die Existenz Gottes zu beweisen, weil es offensichtlich ist, dass Gott existiert, und für andere, weil man nicht wissen kann, ob Gott existiert.

61-Was sagen diejenigen, die behaupten, dass die Erkenntnis Gottes offensichtlich ist?

Sie argumentieren: 1.Dass diejenigen Dinge, deren Erkenntnis uns von Natur aus gegeben ist, offensichtlich sind, wie zum Beispiel die Ersten Prinzipien. 2.Dass diejenigen Dinge, die unmittelbar identifiziert werden, wenn man ihren Namen nennt, offensichtlich sind. Hier auch wieder die Ersten Prinzipien. 3.Dass die Existenz der Wahrheit von Natur aus offensichtlich ist: Wer die Existenz der Wahrheit leugnet, sagt, dass die Wahrheit existiert. Gott ist die Wahrheit selbst. Gott ist die Wahrheit selbst.

62-Was antwortet der Heilige Thomas auf diese Argumentation?

Er stellt drei Gründe vor, um diese Position in Frage zu stellen: 1.Es erscheint ihm als beleidigend für die Dialektik und die Logik, dass man von den Wirkungen zu den Ursachen aufsteigen müsse. 2. r lehnt es im Namen der Wissenschaftlichkeit ab. 3.Er sieht die größten Philosophen darum bemüht, die Existenz Gottes zu beweisen: Warum, wenn der Aufwand umsonst ist, haben sie ihre Kräfte verschwendet?

63-Was behaupten diejenigen, die sagen, dass es nutzlos ist, die Existenz Gottes zu beweisen, weil man nicht wissen kann, ob Er existiert oder nicht?

Diese Personen argumentieren: 1.Gott ist die erste Wahrheit, und die erste Wahrheit kann nicht bewiesen werden, ohne ins Unendliche fortzufahren. 2.Jeder Beweis basiert immer auf einer Definition. Aber Gott ist undefinierbar, daher kann das genannte Argument nicht aufgebaut werden. 3.Wenn man versucht, zu Gott als Ursache durch seine Wirkungen zu gelangen, bedenken sie nicht, dass, wenn Gott existiert, Er unendlich ist - zumindest verstehen die Philosophen, deren These Thomas von Aquin verteidigt, das so. Nun, zwischen dem Unendlichen und seinen vermeintlichen Wirkungen kann es keine Maßverhältnis geben. 4.Wenn Gott existiert, existiert Er von sich aus. Das heißt, Sein Wesen muss als identisch mit Seinem Sein betrachtet werden. Da aber dieses unzugänglich ist, ist auch dieses unzugänglich. Aus dem gleichen Grund kann "weder was es ist, noch ob es existiert" nicht erkannt werden. 5.Die Reihenfolge des Wissens birgt dieselbe Schwierigkeit. Wir wissen aus Erfahrung; unsere Erfahrung entsteht aus dem Sinnlichen: Wie können wir, indem wir uns im Sinnlichen bewegen, zu den transzendentalen Ursachen gelangen?

64-Ist die Existenz Gottes für Sankt Thomas von Aquin offensichtlich?

Ja, sie ist in Bezug auf sich selbst offensichtlich. Aber nein, sie ist nicht offensichtlich für uns. Genau deshalb muss diese Existenz bewiesen werden.

65-Von welchen Prinzipien wird ausgegangen, um die Existenz Gottes zu beweisen?

Man geht von der sinnlichen Erfahrung und den Wirkungen aus. Es handelt sich um einen Beweis *a posteriori*.

66-Was bedeutet es, dass der Beweis für die Existenz Gottes ein Beweis *a posteriori* ist?
Es bedeutet, dass die Ursache durch ihre Wirkung bewiesen wird.

67-Welche Bedingungen sind notwendig, um die Existenz Gottes *a posteriori* zu beweisen?
Für diesen Beweis sind drei Bedingungen notwendig und ausreichend: 1. ass es tatsächlich Wirkungen der Ursache gibt, deren Existenz bewiesen werden soll. 2.Dass diese Wirkungen eine notwendige Verbindung zur Ursache haben, die durch sie bewiesen werden soll. 3.Dass sowohl die Realität der Wirkungen als auch ihre notwendige Verbindung zur Ursache vernünftigerweise bekannt sind.

68-Welchen Charakter sollte der Beweis für die Existenz Gottes haben?
Er sollte einen metaphysischen Charakter haben. Es wird nicht wissenschaftlichen Charakter haben, im modernen Sinne des Begriffs. Sondern es wird wissenschaftlichen Charakter haben, im klassischen oder aristotelischen Sinne: Wissenschaft als Wissen durch Ursachen. In diesem Fall erhöht sich die wissenschaftliche Gewissheit, je näher das liegt, was wir behaupten, den Ersten Prinzipien des Seins kommt.

69-Wie sollte eine metaphysische Demonstration in dieser Hinsicht sein?
Eine metaphysische Demonstration: 1.Muss in sich selbst strenger sein als jeder empirische Beweis. 2.Darf sich nicht darauf beschränken, zu erklären, warum die Welt eine unendlich vollkommene Ursache braucht. Sie muss auch erklären, warum sie eine solche Ursache und keine andere benötigt. 3.Muss uns eine endgültige Erklärung ihrer Aussagen geben, nicht nur eine vorläufige. 4.Muss auf unserer ersten Idee, der Idee des Seins, gegründet sein, notwendigerweise. 5.Wird *a posteriori* sein. Wir

haben keine unmittelbare Anschauung von der Existenz Gottes oder Seiner Attribute.

70-Was bedeutet eine strenge Demonstration?

Es handelt sich um eine Demonstration durch die eigene Ursache.

71-Was ist eine eigene Ursache?

Eine eigene Ursache ist die, die von sich aus und unmittelbar eine solche Wirkung erzeugen kann. Es ist notwendig und unmittelbar erforderlich für seine Wirkung.

72-Wie wird die eigene Ursächlichkeit aufgelöst?

Sie löst sich im metaphysisch formulierten Prinzip der Kausalität in Bezug auf das Sein auf: Was existiert, aber nicht von sich aus existiert, existiert aufgrund von etwas, das von sich aus existiert.

73-Wie sollten wir handeln, wenn wir vom Effekt zur Ursache aufsteigen?

Wenn wir vom Effekt zur Ursache aufsteigen, sollten wir uns nicht in einer Reihe von akzidentellen Ursachen verlieren, sondern nur in der Reihenfolge notwendiger und aktuell untergeordneter Ursachen. In der Serie der untergeordneten Ursachen wird es notwendig sein, an etwas anzuhalten, das als eigene Ursache erforderlich ist, ohne etwas anderes zu behaupten.

74-Wie werden die Strömungen des agnostischen Denkens klassifiziert?

Der Agnostizismus hat zwei Formen: empirisch und idealistisch. Jede von ihnen kann als nominalistisch bezeichnet werden.

75-Wer sind die Vertreter des empiristischen oder sensualistischen Agnostizismus?

Diese Strömung hat in David Hume (1711-1776) ihren originellsten und besten Vertreter. Sie wird auch von den englischen Positivisten John Stuart Mill (1806-1873), Herbert Spencer (1820-1903) und William James (1842-

1910) sowie den französischen Positivisten Auguste Comte (1798-1857), Émile Littré (1801-1881) und ihren Schülern vertreten.

76-Was lehnen die empirischen Agnostiker ab?

Die Empiriker lehnen ab: 1.dass das Kausalitätsprinzip eine notwendige Wahrheit ist. 2.dass das Kausalitätsprinzip uns ermöglicht, die Ebene der Phänomene zu verlassen, um zur ersten Ursache aufzusteigen.

77-Was ist Humes Denken?

Die Realität wird aus phänomenalen Erscheinungen ohne Substanz erklärt. Er reduziert den Verstand auf die Sinne. Diese nehmen nur Abfolgen von Phänomenen wahr. Die Vorstellung ist nur ein Bild, begleitet von einem gemeinsamen Namen. Alle allgemeinen Ideen sind in Wirklichkeit spezifische Ideen, die auf einen gemeinsamen Begriff bezogen sind. Dieser Begriff erinnert gelegentlich an andere spezifische Ideen, die in gewisser Hinsicht der gegenwärtigen Idee ähneln. Der allgemeine Begriff hat dank Gewohnheit oder Sitte den Effekt, den Geist leicht von einem Bild zum anderen zu führen, was es ermöglicht, die individuellen Merkmale eines Bildes zu vernachlässigen. Die Idee der Ursache, wenn die Sinne nur Abfolgen von Phänomenen wahrnehmen, wird auf das gemeinsame Bild phänomenaler Abfolge reduziert, begleitet von dem gemeinsamen Namen der Ursache. Alles andere wird als bloße Wortwesenheit angesehen. Die äußeren Sinne zeigen uns nur Phänomene, die auf andere Phänomene folgen, und nicht Ursachen für andere Phänomene. Selbst wenn die Kausalität immer auf die Phänomene des Universums angewendet wird, glaubt er, dass dies uns nicht berechtigt, uns zur ersten Ursache außerhalb der phänomenalen Welt zu erheben.

78-Wer sind die Vertreter des idealistischen Agnostizismus?

Ihr bester Vertreter ist der deutsche Philosoph Immanuel Kant (1724-1804).

79-Was denkt Kant?

Kant leugnet nicht die Notwendigkeit des Kausalitätsprinzips, sondern seinen ontologischen und transzendentalen Wert. Die Vorstellung von

Kausalität ist nur eine subjektive Form, die die zeitlich aufeinander folgenden Phänomene verbindet. Die Vernunft kann nur Phänomene (Erscheinungen) und phänomenale Gesetze erkennen. Das Kausalitätsprinzip ist eines der synthetischen apriorischen Prinzipien. Er lehnt die Möglichkeit ab, dass die spekulative Vernunft die Existenz Gottes beweisen kann. Nur die praktische Vernunft führt uns dazu, sie zu akzeptieren, nicht durch einen Beweis, sondern durch einen Akt freien Glaubens, durch rein rationales Glauben, dessen Gewissheit subjektiv ausreicht, aber objektiv unzureichend ist.

80-Was wird als "ontologisches Argument" bezeichnet?

Es wird als ontologisches Argument die von San Anselm entwickelte Lehre zur Beweisführung für die Existenz Gottes bezeichnet. Es ist von platonischer Inspiration und *a posteriori*.

81-Wo stellt er es vor?

Er stellt es in seinem Werk *Proslogium* vor. Er entwickelte es in Form eines Gebets an Gott.

82-Was sagt das ontologische Argument?

Es besagt, dass Gott das ist, jenseits dessen nichts Größeres gedacht werden kann. Er ist das Größte von allem. Das bedeutet, dass Er das absolut vollkommene Sein ist: Das ist, was Gott bedeutet. Aus diesem Grund muss Er existieren. Nicht nur geistig, in der Vorstellung, sondern auch außergeistig. Es behauptet, dass Gott für uns offensichtlich ist und dass wir Ihn intuitiv kennen können. Daher ist kein Beweis für die Existenz Gottes erforderlich.

83-Warum lehnt Sankt Thomas von Aquin das ontologische Argument ab?

Sankt Thomas von Aquin lehnt das ontologische Argument aus folgenden Gründen ab: 1.Nicht jeder versteht unter Gott "das höchste Wesen, das man sich vorstellen kann". 2.Selbst wenn wir zustimmen, dass die Bedeutung von "Gott" "das höchstvollkommene Sein" ist, folgt daraus nicht automatisch, dass Gott existiert. 3.Es ist unzulässig, von einer Idee von Gott oder einer Definition des Begriffs "Gott" auszugehen und sofort zu dem Schluss zu gelangen, dass Gott existiert. Die Aussage "Gott existiert" ist "an sich selbst" offensichtlich (in diesem Punkt stimmt er mit Anselm von Canterbury überein), aber sie ist nicht offensichtlich oder analytisch für das menschliche Verständnis, das sie nur mit Anstrengung und Anwendung erreichen kann. 4.Es gibt keinen Grund zu der Annahme, dass ein Objekt konzipiert werden kann, das perfekter ist als jedes andere, sei es ideal oder real, es sei denn, es wird zuerst zugestanden, dass es in der Natur ein Objekt gibt, das nicht als größer konzipiert werden kann. In der Intelligenz sein ist eine Sache. In der Realität der Natur zu sein, ist eine andere. 5.Schließlich dürfen wir nicht vergessen, dass Thomas von Aquin jede intuitive Kenntnis der Realität ablehnt. Daher muss die Aussage "Gott existiert" bewiesen werden.

84-Was sind die Fünf Wege *(Quinque viae)*?

Es handelt sich um fünf Argumente, die Sankt Thomas von Aquin *a posteriori* zur Existenz Gottes vorbringt. Sie werden im Allgemeinen als Beweise bezeichnet. Sie sind jedoch keine im modernen Sinne des Begriffs: Es handelt sich nicht um mathematische oder wissenschaftliche Beweise. Es sind Wege, um zu Gott durch metaphysische Überlegungen zu gelangen.

85-Wo werden die Fünf Wege dargelegt?

Sie werden hauptsächlich dargelegt: 1.In der *Summa Theologica*, Erster Teil, Frage 2, Artikel 3. 2. In der *Summa contra Gentiles*, Buch I, Kapitel 13, 15, 16 und 44; und im Buch 3, Kapitel 44.

86-Wie unterscheidet sich die Darstellung in der einen und in der anderen *Summa*?

In der *Summa Theologica* werden die Fünf Wege in knapper und vereinfachter Form präsentiert. In der *Summa contra Gentiles* sind die philosophischen Argumente hingegen ausführlicher entwickelt. Im ersten Fall liegt der Schwerpunkt hauptsächlich auf der Metaphysik, im zweiten Fall hauptsächlich auf der Physik und es wird oft auf die sinnliche Erfahrung verwiesen.

87-In welchem Grundsatz können die Fünf Wege zusammengefasst werden?

Sie können in einem allgemeinen Grundsatz zusammengefasst werden, auf den alle verweisen: Das Größere kommt nicht aus dem Geringeren; das Höhere erklärt nur das Niedrigere.

88-Sind sie mit dem Prinzip der Kausalität verbunden?

Ja, die Fünf Wege sind mit dem Prinzip der Kausalität verbunden. Sankt Thomas von Aquin arbeitet mit der effizienten Ursache, die in allen entwickelten Argumenten eine Rolle spielt. Mit der formalen Ursache, die der Vierte Weg zugeordnet werden kann. Und mit der letzten Ursache im Fünften Weg.

89-Haben sie die gleiche Darstellungsstruktur?

Ja, die Fünf Wege haben eine klare syllogistische Struktur. Alle entwickeln einen deduktiven logischen Prozess. Sie beginnen mit einer kleineren Prämisse aus der Welt der Erfahrung. Dann folgt eine größere Prämisse, die kurz begründet ist. Die größere wird dann auf die kleinere angewendet, als ihr spezieller Fall. So wird die Schlussfolgerung oder Endaussage erhalten, und der Beweis wird erbracht.

90-Welcher andere Grundsatz gilt in ihnen neben dem Prinzip der Kausalität?

Das Prinzip des Unmöglichen des Rückgangs ins Unendliche im Kausalprozess gilt in ihnen.

91-Sind die Fünf Wege notwendig, um die Existenz Gottes zu beweisen?

Nein. Jeder von ihnen ist ein eigenständiges Argument. Sie sind ausreichend, um auf unterschiedliche Weisen zu Gott zu gelangen. Sie ergänzen sich jedoch gut gegenseitig, und ihre gemeinsame Untersuchung ermöglicht ein besseres Verständnis des Problems und seiner Lösung.

92-Welcher Weg wird von Sankt Thomas von Aquin bevorzugt?

Es scheint, dass der Erste Weg, den er in der *Summa Theologica* als *via manifestior* (deutlicher Weg) bezeichnete, sein Favorit ist. Obwohl er die Fünfte Weg, wie Lawrence Dewan bemerkt, als die "effektivste" bezeichnete, im *Kommentar zum Evangelium nach Johannes*. Daher ist die Frage nicht klar und umstritten.

93-Welcher der Fünf Wege ist der bekannteste?
Der Erste Weg ist der bekannteste und wird am häufigsten zitiert.

94-Wie wird der Erste Weg genannt?
Es ist der sogenannte kinetische Beweis oder der Bewegungsbeweis.

95-Warum nennt ihn Sankt Thomas von Aquin *via manifestior*?
Weil er seiner Meinung nach am verständlichsten ist. Dies ist der klarste Weg, weil es keine gebräuchlichere und offensichtlichere sinnliche Erfahrung als die der Bewegung gibt. In diesem Weg leuchtet die Bedeutung der Lehre von Akt und Potenz besonders hervor. Außerdem hängt er am strengsten von den aristotelischen Argumenten ab.

96-Was besagt der Erste Weg?
Wir wissen durch sinnliche Erfahrung, dass einige Dinge in der Welt sich bewegen oder verändern. Die Bewegung ist eine offensichtliche Tatsache und wird als Übergang von der Aktualität zur Potenz verstanden. Ein Seiende kann nicht von einem Zustand der Potenz zur Aktualität gebracht werden, es sei denn, es wird von etwas bewegt, das bereits in Aktualität ist. In diesem Sinne wird alles, was sich bewegt, von einem anderen bewegt. Wenn dieses andere bewegt wird, muss es seinerseits von einem anderen bewegt werden. Da eine unendliche Kette unmöglich ist, gelangen wir schließlich zu einem ersten unbewegten Beweger. Wir alle verstehen, dass dieser erste Beweger Gott ist.

97-Welche Vorgänger hat der Erste Weg?
Der Ursprung des Ersten Weges liegt bei Aristoteles. Er wurde während der Zeit, in der die Physik des Stagiriten ignoriert wurde, also bis zum Ende des 12. Jahrhunderts, weitgehend ignoriert. Er erscheint zum ersten

Mal bei Adelard von Bath. In seiner vollständigen Form findet man ihn bei Albertus Magnus, der ihn als eine Ergänzung zu den Beweisen von Petrus Lombardus präsentiert und ihn zweifellos von Maimonides übernommen hat.

98-Welche Prinzipien liegen diesem Weg zugrunde?

Es handelt sich um zwei Prinzipien: 1.Alles, was sich bewegt, wird von etwas anderem bewegt, und 2.Eine unendliche Reihe von untergeordneten Bewegern ist unmöglich.

99-Wie präsentiert Thomas von Aquin diesen Weg in der *Summa contra Gentiles*?

Im *Summa contra Gentiles* Buch I, Kapitel 13, präsentiert er den Ersten Weg, der auf zwei Argumenten basiert (die er"Demonstrationswege" nennt). Das erste Argument ist dasselbe wie in der *Summa Theologica* I, q.2, a.3, obwohl er die Prinzipien, auf denen das Argument basiert, ausführlich erklärt. Das zweite Argument basiert auf der Annahme einer ewigen Bewegung. Es sei daran erinnert, dass Aristoteles die Existenz einer ewigen Welt und einer ewigen Bewegung vertrat.

100-Wie präsentiert Sankt Thomas das erste Argument?

Das erste Argument lautet wie folgt: Alles, was sich bewegt, wird von etwas anderem bewegt. Wenn dieses bewegende Seiende sich selbst nicht bewegt, haben wir das angestrebte Ergebnis, nämlich dass es zwangsläufig einen unbewegten Beweger gibt. Und diesen nennen wir Gott. Wenn es sich hingegen bewegt, wird es von etwas anderem bewegt. Daher müssen wir entweder endlos fortfahren oder zu einem unbewegten Beweger gelangen. Da eine unendliche Fortsetzung unmöglich ist, müssen wir zwangsläufig einen unbewegten Beweger anerkennen.

101-In welchen Prinzipien gründet dieses Argument?

Es basiert auf denselben bereits erläuterten Prinzipien: 1.Alles, was sich bewegt, wird von etwas anderem bewegt. Und 2.Eine unendliche Reihe von untergeordneten Bewegern ist unmöglich. Mit anderen Worten, in den bewegenden und bewegten Seienden ist kein endloses Fortsetzen erforderlich.

102-Wie demonstriert er das Prinzip, dass jedes Seiende, das sich bewegt, immer von einem anderen bewegt wird, wobei er immer das erste Argument analysiert?

Das wird mit drei Beweisen gezeigt.

103-Was ist der erste Beweis?

Der erste Beweis besagt, dass für ein Seiendes, um sich selbst zu bewegen, Folgendes notwendig ist: a)Es muss das Prinzip seiner Bewegung in sich selbst haben. b)Es muss sich von sich selbst aus bewegen und nicht aufgrund eines seiner Teile. c)Es muss teilbar sein und Teile haben. Unter diesen Bedingungen ist es möglich zu zeigen, dass nichts sich von selbst bewegt. Eine Realität mit diesen drei Merkmalen ist jedoch widersprüchlich. Nach den genannten Kriterien wird man daher zu dem Schluss kommen, dass nichts sich selbst bewegt.

104-Was ist der zweite Beweis?

Es handelt sich um das Induktionsbeweis. Die Erfahrung zeigt uns, dass in der Welt nichts sich selbst bewegt. Wir stellen fest, dass nichts sich selbst bewegt: 1.Alles, was sich zufällig bewegt, bewegt sich durch die Bewegung eines anderen. 2.Alles, was durch Gewalt bewegt wird. 3.Alles, was sich aufgrund seiner natürlichen Bewegung bewegt, wie Tiere, die bekanntlich von der Seele bewegt werden. 3.Alle unbelebten Seienden, die sich durch den erhaltenden Impuls bewegen.

105-Was ist der dritte Beweis?

Entwickelt aus der Lehre von Akt und Potenz. Denke daran, dass nichts gleichzeitig im Akt und in der Potenz in Bezug auf dasselbe Ding ist. Alles, was sich bewegt, ist, insofern es sich bewegt, in Potenz. Tatsächlich ist die Bewegung die Handlung des Seienden in Potenz, als solches. Aber alles, was sich als Bewegender bewegt, ist im Akt. Denn nichts handelt, es sei denn, es ist im Akt. Also ist nichts in Bezug auf dieselbe Bewegung sowohl Beweger als auch Bewegter. Es ist entweder Beweger oder Bewegter. Und so bewegt sich nichts von selbst.

106-Wie demonstriert er das Prinzip, dass eine unendliche Reihe von untergeordneten Bewegern unmöglich ist, wobei er immer das erste Argument analysiert?

Er demonstriert dies mit drei Beweisen.

107-Was ist der erste Beweis?

Alles, was sich bewegt, ist teilbar und besteht aus Materie. Der Körper, der bewegt, wird während des Bewegens auch selbst bewegt. Daher bewegen sich all diese Unendlichen gleichzeitig, wenn einer von ihnen in Bewegung ist. Da dieser eine jedoch endlich ist, bewegt er sich in endlicher Zeit. Daher bewegen sich auch alle diese Unendlichen in endlicher Zeit. Dies ist jedoch unmöglich. Daher ist es auch unmöglich, in den untergeordneten Bewegern endlos fortzufahren.

108-Was ist der zweite Beweis?

Es lautet wie folgt: Wenn wir aus einer Reihe untergeordneter Bewegungen (das heißt einer Reihe, in der ein Körper von einem anderen in einer bestimmten Reihenfolge bewegt wird) den ersten Beweger entfernen oder wenn der erste Beweger aufhört, sich zu bewegen, wird die gesamte Reihe dazu führen, dass keiner der anderen Körper sich bewegt oder bewegt wird. Dies geschieht, weil der erste Beweger die Ursache für die Bewegung aller anderen ist. Wenn jedoch diese untergeordneten Bewegungen unendlich wären, gäbe es keinen ersten Beweger, da alle nur als Mittel zum Bewegen dienen würden. Daher könnte keiner von ihnen sich bewegen, und folglich würde sich nichts in der Welt bewegen.

109-Was ist der dritte Beweis?

Der dritte Beweis besagt, dass das, was als Instrument bewegt wird, nicht von selbst bewegen kann, es sei denn, es gibt etwas als Hauptursache, die die Bewegung verursacht. Wenn es jedoch möglich wäre, in den untergeordneten Bewegern unendlich fortzufahren, wären sie alle nur als

Instrumente zum Bewegen zu betrachten, da keines von ihnen als Hauptbeweger betrachtet wird. Daher könnte nichts bewegt werden.

110-Wie präsentiert Sankt Thomas von Aquin das zweite Argument?

In diesem Fall folgt Thomas von Aquin einen indirekten Weg. Zunächst versucht er zu zeigen, dass die Aussage "Alles, was sich bewegt, wird von etwas anderem bewegt" keine notwendige Aussage ist. Dann versucht er zu zeigen, dass der erste Beweger unbewegt ist.

111-Was sagt der Zweite Weg?

Der Zweite Weg beginnt mit der effizienten Ursache. Er besagt, dass jede Ursache ihrerseits verursacht wird, aber in diesem Prozess kann man nicht ins Unendliche gehen. Daher muss man ein Erstes anerkennen, das eine unverursachte Ursache ist. Eine Ursache für alle Ursachen, die wir Gott nennen.

112-Woher stammt dieser Weg?

Der Ursprung dieses Weges liegt bei Aristoteles. Genauer gesagt im Buch II seiner Metaphysik. Aristoteles leitet jedoch nicht unmittelbar die Existenz Gottes daraus ab. Dies wird jedoch unter anderem von Avicenna getan. Seine Erklärung ähnelt stark der Erklärung von Thomas von Aquin. Es ist wahrscheinlich, dass Thomas Aquin es nicht direkt von Avicenna übernommen hat, sondern es aus Aristoteles' eigener These entwickelt hat.

113-Wie werden effiziente Ursachen in diesem Argument betrachtet?

Effiziente Ursachen werden formal "effizient" betrachtet, im Hinblick auf die Ordnung ihrer Aktivität. Dies ist wichtig. Der Sohn hängt im Sein vom Vater und Großvater ab, aber nicht in Bezug auf ihre Aktivität, da seine Aktivität ohne die Aktivität des Vaters und des Großvaters weiterhin besteht, auch wenn diese gestorben sind.

114-Welches Beispiel für eine Kette effizienter Ursachen kann diesen Weg veranschaulichen?

Genau genommen bietet Thomas von Aquin kein solches Beispiel im Text der Summa Theologica oder im Text der Summa contra Gentiles. Es gibt jedoch ein Beispiel in De Veritate q.2 a.10: Ein Stock bringt einen Stein in Bewegung. Der Stock wurde seinerseits von der Hand eines Menschen in Bewegung gesetzt. Die Hand des Menschen durch ihre Sehnen. Die Sehnen durch ihre Muskeln. Die Muskeln durch die Nerven. Die Nerven durch die natürliche Körperwärme und diese durch ihre Form, die die Seele ist.

115-Was sagt der Dritte Weg?

Der Dritte Weg besagt, dass einige Seiende beginnen zu existieren und zu vergehen, was zeigt, dass sie sein können oder nicht sein können, dass sie kontingent sind und nicht notwendig. Wenn sie notwendig wären, hätten sie immer existiert und würden weder beginnen zu sein noch aufhören zu sein. Thomas von Aquin argumentiert dann, dass es ein notwendiges Sein geben muss, das der Grund dafür ist, dass kontingente Seiende existieren. Wenn es kein notwendiges Sein gäbe, würde überhaupt nichts existieren.

116-Woher stammt dieser Weg?

Sankt Thomas übernahm diesen Weg von Maimonides (1138-1204), der ihn wiederum von Avicenna (980-1037) übernommen hatte. Avicenna wurde zuvor von Al-Farabi in der philosophischen Betrachtung des "möglichen Seins" und des "notwendigen Seins" vorbereitet.

117-Auf welche Art von Seienden bezieht sich der Dritte Weg?

Der Dritte Weg bezieht sich auf die Kontingenz körperlicher Seienden. Engel und die menschliche Seele sind daher ausgeschlossen.

118-Was ist sein Ausgangspunkt?

Sein Ausgangspunkt ist die Unterscheidung zwischen Möglichkeit und Notwendigkeit. Zwischen dem, was existieren oder nicht existieren kann, und dem, was unausweichlich existiert.

119-Was ist das Prinzip des Beweises dieses Weges?

Das Prinzip des Beweises des Dritten Weges ist das Prinzip der Kausalität in seiner allgemeinsten Form: Das, was seine eigene hinreichende Ursache nicht in sich selbst hat, muss diese Ursache in einem anderen haben, und dieser andere, letztendlich betrachtet, muss von sich selbst existieren, denn wenn er derselben Natur wie die kontingenten Seienden wäre, würde er nicht einmal sich selbst erklären können.

120-Welche gemeinsamen Merkmale finden wir in den ersten drei Wegen?

Wenn wir die ersten drei Wege vergleichen, können wir zu folgenden gemeinsamen Merkmalen gelangen. Nämlich: 1.Alle drei haben ihren Ausgangspunkt in Erfahrungstatsachen. 2.Sankt Thomas vermeidet überhastete Verallgemeinerungen. 3.Das Prinzip der Kausalität leitet die Überlegungen, ist aber besonders im Zweiten Weg hervorgehoben. 4.Sankt Thomas spricht von einer Ordnung. Der Begriff verweist auf Hierarchie und sollte als solche verstanden werden. 5.Sankt Thomas hat seine Argumente so strukturiert, dass sie unabhängig von der Frage sind, ob die Welt seit Ewigkeit existiert hat oder nicht. Wir erinnern uns daran, dass Aristoteles dies lehrte. 6.Sankt Thomas lehnt die Möglichkeit einer unendlichen Reihe nicht ab, sondern die Möglichkeit einer unendlichen Reihe von Ursachen und Wirkungen, bei der ein gegebenes Mitglied nicht in Bezug auf die ausgeübte Aktivität vom vorherigen Mitglied abhängt. 7.Sankt Thomas argumentiert in seinen drei Argumenten, dass eine unendliche Reihe (sei es von Bewegern und Bewegten, von effizienten Ursachen oder von kontingenten Seienden) unmöglich ist. 8.Die sogenannte unendliche mathematische Reihe hat nichts mit den Argumenten von Thomas von Aquin zu tun. Das, was Sankt Thomas leugnet, ist nicht die Möglichkeit einer unendlichen Reihe als solche, sondern die Möglichkeit einer unendlichen Reihe in der ontologischen Ordnung der Abhängigkeit. Er lehnt ab, dass die Bewegung und die Kontingenz der Welt, die wir erleben, keine letzte und adäquate ontologische Erklärung haben können.

121-Was sagt der Vierte Weg?

Der Vierte Weg nimmt seinen Ausgangspunkt in den Graden der Vollkommenheit, Güte, Wahrheit usw., die wir in den Dingen dieser Welt beobachten und die es erlauben, vergleichende Urteile wie "dies ist besser als jenes" zu formulieren. Unter der Annahme, dass solche Urteile eine objektive Grundlage haben, argumentiert Thomas von Aquin, dass die Grade der Vollkommenheit notwendigerweise die Existenz eines Optimums, eines maximal wahren, guten, schönen usw. implizieren, das wir Gott nennen.

122-Wie wird dieser Weg genannt?

Der Vierte Weg wird als der Beweis durch die Grade des Seins bezeichnet. Er erhebt sich von der Vielheit zum Einen, von der Zusammensetzung zum Einfachen. Er führt durch die beobachtbaren Grade des Seins in den Dingen und führt bis zum absolut vollkommenen Sein.

123-Woher stammt dieser Weg?

Bei der Darstellung des Vierten Wegs erwähnt Thomas von Aquin explizit Aristoteles. In Wirklichkeit findet sich dieser Weg im Wesentlichen bei Augustinus und Anselm von Canterbury. Mit anderen Worten, er hat eine klare platonische Quelle.

124-Welche platonische Idee kommt im Vierten Weg zum Ausdruck?

Die Idee der Teilhabe wird im Argument implizit veranschaulicht. Kontingente Seiende besitzen ihr Sein nicht von sich aus. Daher besitzen sie auch nicht von sich aus ihre Güte, Wahrheit, Schönheit, Vollkommenheit usw. Sie hängen von einem anderen Sein ab, um diese Eigenschaften zu besitzen. Ein anderes Sein ist die Ursache dieser Vollkommenheiten in ihnen, da sie sie nicht von sich aus besitzen. Sie partizipieren am Sein und an allen Eigenschaften, die in ihnen sein können. Die letzte Ursache dieser Vollkommenheit, die wir in den Seienden sehen, muss in sich selbst vollkommen sein. Sie kann diese Vollkommenheit nicht von einem anderen empfangen, sondern sie muss ihre eigene Vollkommenheit sein: das autoexistente Sein. Das nennen wir Gott.

125-Was sagt der Fünfte Weg?

Der Fünfte Weg besagt, dass in der Welt beobachten wir, dass alle Seiende auf ein Ziel hin wirken. Dies geschieht immer oder sehr häufig.

Daher kann es nicht dem Zufall zugeschrieben werden, sondern es muss das Ergebnis einer Absicht sein. Nun können Seiende ohne Intelligenz nicht auf ein Ziel hinarbeiten, es sei denn, sie werden von einem intelligenten Sein gelenkt, *so wie der Pfeil vom Bogenschützen gelenkt wird*. Es gibt also ein intelligentes Sein, durch das alle natürlichen Dinge zu einem Ziel gelenkt werden, und das nennen wir Gott.

126-Wie wird dieser Weg genannt?

Es ist der Beweis durch die Ordnung der Welt. Auch bekannt als der teleologische oder physikalisch-teleologische Beweis für die Gesamtordnung der Natur in Richtung ihres Ziels. Er gründet sich in der Betrachtung der Lenkung der Dinge. Das Argument dieses Weges wird als das "Argument des Zwecks" bezeichnet, obwohl es vorzuziehen wäre, Begriffe wie "Richtung" oder sogar "das Teleologische" zu verwenden, anstelle von "Zweck". Oft wird es auch als "Argument der finalen Ursachen" bezeichnet.

127-Auf was basiert dieser Weg?

Er basiert auf der Betrachtung der Ordnung der Dinge.

128-Was ist sein Ausgangspunkt?

Sein Ausgangspunkt, der ihn von den anderen unterscheidet, dreht sich um das Konzept der letzten Ursache. Das Argument des fünften Weges basiert auf dem Prinzip der Finalität, nach dem *jeder Agent gemäß einem Ziel handelt*. Dieses Prinzip ist eine unmittelbare Ableitung des Prinzip des ausreichenden Grund, das sich wiederum auf das Identitätsprinzip durch Reduktion auf das Unmögliche reduziert.

129-Was ist die Herkunft dieses Weges?

Es scheint, dass der heilige Johannes Damaszener die Quelle seiner Argumentation ist. Dennoch ist dies eines der ältesten Argumente in der Geschichte des Denkens.

130-Auf welche Art von Finalität bezieht sich der Fünfte Weg?

Er bezieht sich auf die innere Finalität der Seiende. Das, wofür sie handeln, wie sie handeln: Augen sind zum Sehen, Ohren sind zum Hören, Flügel sind zum Fliegen usw. Das Argument erwähnt nicht die äußere Finalität, nämlich die Existenz einer Hierarchie zwischen untergeordneten Seiende, in der ihr individuelles Handeln dazu beiträgt, das allgemeine Ziel des Universums zu erreichen.

131-Was widersetzt sich der Ordnung und der Finalität, von der der Fünfte Weg spricht?
Dem Ordnung und der Finalität des Fünften Weges widersetzt sich der Zufall.

132-Was ist der Zufall?
Der Zufall ist eine akzidentelle Ursache. Er bezieht sich auf Ereignisse oder Situationen, die selten auftreten und außerhalb des Willens des Agenten geschehen. Wenn er sich auf die Handlungen des Menschen bezieht, wird der Zufall als Glück oder Schicksal bezeichnet. Aristoteles war der Erste, der eine detaillierte Analyse des Konzepts des Zufalls in der westlichen Philosophie lieferte.

133-Kann der Zufall die Ordnung und den Zweck erklären, die die Seiende dazu bewegen zu handeln?
Nein, der Zufall oder das Schicksal können weder die Ordnung noch den Zweck erklären, der die Seiende dazu bewegt zu handeln, da diese Seiende nicht zufällig handeln, sondern aufgrund ihrer Natur und eines beabsichtigten Zwecks.

ENDNOTEN

[1]FERRATER MORA JOSE. *Diccionario de Filosofía. Tomo II.* Konsultierter Artikel: "Principio". Editorial Sudamericana. Buenos Aires. Quinta Edición. Seite 480.

[2]ARISTÓTELES. *Metafísica.* Introducción, traducción y notas de Tomás Calvo Martínez. Editorial Gredos. Primera edición. Segunda reimpresión. Madrid. 1994. Buch V, Kapitel 1. Seiten 206-207.

[3]ARISTÓTELES. *Metafísica.* Introducción, traducción y notas de Tomás Calvo Martínez. Editorial Gredos. Primera edición. Segunda reimpresión. Madrid. 1994. Buch V, Kapitel 1. Seite 206.

[4]GONZALEZ ZEFERINO, Cardenal. *Filosofía Elemental. Tomo II.* Segunda Edición. Madrid. 1886. Seite 54.

[5]Siehe SALCEDO LEOVIGILDO. *Suma de Filosofía Escolástica. VI Metafísica.* B.A.C. Madrid.1964. Seite 640.

[6]GARDEIL H.D. *Iniciación a la Filosofía de Santo Tomás de Aquino. 4- Metafísica.* Editorial Tradición. México. 1974. Seite 140.

[7]FERRATER MORA JOSE. *Diccionario de Filosofía. Tomo I.* Konsultierter Artikel: "Causa". Editorial Sudamericana. Buenos Aires. Quinta Edición. Seite 271.

[8]Siehe COLLIN ENRIQUE. *Manual de filosofía tomista. Tomo I.* Traducción de la novena edición francesa por Cipriano Montserrat. Luis Gili. Editor. Barcelona. 1950. Seite 149.

[9]COLLIN ENRIQUE. *Manual de filosofía tomista. Tomo I.* Traducción de la novena edición francesa por Cipriano Montserrat. Luis Gili. Editor. Barcelona. 1950. Seite 148.

[10]COLLIN ENRIQUE. *Manual de filosofía tomista. Tomo I.* Traducción de la novena edición francesa por Cipriano Montserrat. Luis Gili. Editor. Barcelona. 1950. Seite 148.

[11]COLLIN ENRIQUE. *Manual de filosofía tomista. Tomo I.* Traducción de la novena edición francesa por Cipriano Montserrat. Luis Gili. Editor. Barcelona. 1950. Seite 148.

[12]GONZALEZ ZEFERINO, Cardenal. *Filosofía Elemental. Tomo II.* Segunda Edición. Madrid. 1886. Seite 55

[13]COLLIN ENRIQUE. *Manual de filosofía tomista. Tomo I.* Traducción de la novena edición francesa por Cipriano Montserrat. Luis Gili. Editor. Barcelona. 1950. Seite 148.

[14]GONZALEZ ZEFERINO, Cardenal. *Filosofía Elemental. Tomo II.* Segunda Edición. Madrid. 1886. Seite 56.

[15]FERRATER MORA JOSE. *Diccionario de Filosofía. Tomo I.*

Konsultierter Artikel: "Causa". Editorial Sudamericana. Buenos Aires. Quinta Edición. Seite 271.

[16]COLLIN ENRIQUE. *Manual de filosofía tomista. Tomo I.* Traducción de la novena edición francesa por Cipriano Montserrat. Luis Gili. Editor. Barcelona. 1950. Seite 172.

[17]COLLIN ENRIQUE. *Manual de filosofía tomista. Tomo I.* Traducción de la novena edición francesa por Cipriano Montserrat. Luis Gili. Editor. Barcelona. 1950. Seite 149.

[18]MANSER GALLUS. *La esencia del Tomismo.* Traducción de la segunda edición alemana. Madrid. 1947. Seite 276.

[19]GONZALEZ ZEFERINO, Cardenal. *Filosofía Elemental. Tomo II.* Segunda Edición. Madrid. 1886. Seiten 57-58.

[20]COLLIN ENRIQUE. *Manual de filosofía tomista. Tomo I.* Traducción de la novena edición francesa por Cipriano Montserrat. Luis Gili. Editor. Barcelona. 1950. Seiten 149-152.

[21]COLLIN ENRIQUE. *Manual de filosofía tomista. Tomo I.* Traducción de la novena edición francesa por Cipriano Montserrat. Luis Gili. Editor. Barcelona. 1950. Seite 162.

[22]COLLIN ENRIQUE. *Manual de filosofía tomista. Tomo I.* Traducción de la novena edición francesa por Cipriano Montserrat. Luis Gili. Editor. Barcelona. 1950. Seite 165.

[23]MANSER GALLUS. *La esencia del Tomismo.* Traducción de la segunda edición alemana. Madrid. 1947. Seite 276.

[24]ARISTOTELES. *Tratado del cielo.* Buch 11, Kapitel 11 Nr. 2.

[25]GARDEIL H.D. *Iniciación a la Filosofía de Santo Tomás de Aquino. 4-Metafisica.* Editorial Tradición. México. 1974. Seite 145.

[26]MANSER GALLUS. *La esencia del Tomismo.* Traducción de la segunda edición alemana. Madrid. 1947. Seite 286.

[27]AQUINAS, ST. THOMAS. *The Summa Theologica.* Latin & English. Translated by Fathers of the English Dominican Province. Benziger Bros. Edition. 1947. I-II, q.75 a.1 sc. https://isidore.co/aquinas/summa/index.html. Der lateinische Text sagt: *Alles, was geschieht, hat eine Ursache.*

[28]MANSER GALLUS. *La esencia del Tomismo.* Traducción de la segunda edición alemana. Madrid. 1947. Seite 272.

[29]MANSER GALLUS. *La esencia del Tomismo.* Traducción de la segunda edición alemana. Madrid. 1947. Seite 273.

[30]MANSER GALLUS. *La esencia del Tomismo.* Traducción de la segunda edición alemana. Madrid. 1947. Seite 278.

[31]MANSER GALLUS. *La esencia del Tomismo.* Traducción de la segunda

edición alemana. Madrid. 1947. Seite 277.

[32]Siehe GONZALEZ ZEFERINO, Cardenal. *Filosofía Elemental. Tomo II.* Segunda Edición. Madrid 1886. Seite 229.

[33]Siehe *Summa Theologica* I, q.2.

[34]Siehe GILSON ETIENNE. *El Tomismo. Introducción a la filosofía de Santo Tomás de Aquino.* Ediciones Desclée, de Brouwer. Buenos Aires. 1951. Seite 86.

[35]Siehe SERTILLANGES A.D. *Santo Tomás de Aquino. Tomo I.* Ediciones Desclée de Brouwer. Buenos Aires. 1946. Seite 150.

[36]GILSON ETIENNE. *El Tomismo. Introducción a la filosofía de Santo Tomás de Aquino.* Ediciones Desclée, de Brouwer. Buenos Aires. 1951. Seite 85.

[37]Siehe GONZALEZ ZEFERINO, Cardenal. *Filosofía Elemental. Tomo II.* Segunda Edición. Madrid 1886. Seite 232.

[38]Siehe SERTILLANGES A.D. *Santo Tomás de Aquino. Tomo I.* Ediciones Desclée de Brouwer. Buenos Aires. 1946. Seiten 150-151.

[39]FERRATER MORA JOSE. *Diccionario de Filosofía. Tomo II.* Konsultierter Artikel: "Tomas de Aquino (Santo)". Editorial Sudamericana. Buenos Aires. Quinta Edición. Seite 808.

[40]AQUINAS, ST. THOMAS. *The Summa Theologica.* Latin & English. Translated by Fathers of the English Dominican Province. Benziger Bros. Edition. 1947. I, q.2 a.1 Resp. https://isidore.co/aquinas/summa/index.html.

[41]GONZALEZ ZEFERINO, Cardenal. *Filosofía Elemental. Tomo II.* Segunda Edición. Madrid 1886. Seite 232.

[42]GARRIGOU-LAGRANGE R. *Dios. La existencia de Dios. Solución tomista de las antinomias agnósticas.* Ediciones Palabra SA. Madrid. 1976. Seite 66.

[43]GARRIGOU-LAGRANGE R. *Dios. La existencia de Dios. Solución tomista de las antinomias agnósticas.* Ediciones Palabra SA. Madrid. 1976. Seite 72.

[44]GARRIGOU-LAGRANGE R. *Dios. La existencia de Dios. Solución tomista de las antinomias agnósticas.* Ediciones Palabra SA. Madrid. 1976. Seite 78.

[45]GILSON ÉTIENNE. *El Tomismo. Introducción a la filosofía de Santo Tomás de Aquino.* Ediciones Desclée, de Brouwer. Buenos Aires. 1951. Seiten 87-88.

[46]PONFERRADA GUSTAVO ELOY. Introducción al Tomismo. Club de Lectores. Buenos Aires. 1985. Seiten 209-210.

[47]HIRSCHBERGER J. *Breve Historia de la Filosofía.* Editorial Herder.

Barcelona. 1977. Seite 185.

[48]HIRSCHBERGER J. *Breve Historia de la Filosofía*. Editorial Herder. Barcelona. 1977. Seite 196.

[49]GARRIGOU-LAGRANGE R. *Dios. La existencia de Dios. Solución tomista de las antinomias agnósticas*. Ediciones Palabra SA. Madrid. 1976. Seiten 82-83.

[50]GARRIGOU-LAGRANGE R. *Dios. La existencia de Dios. Solución tomista de las antinomias agnósticas*. Ediciones Palabra SA. Madrid. 1976. Seite 83.

[51]HIRSCHBERGER J. *Breve Historia de la Filosofía*. Editorial Herder. Barcelona. 1977. Seite 199.

[52]GARRIGOU-LAGRANGE R. *Dios. La existencia de Dios. Solución tomista de las antinomias agnósticas*. Ediciones Palabra SA. Madrid. 1976. Seite 84.

[53]GARRIGOU-LAGRANGE R. *Dios. La existencia de Dios. Solución tomista de las antinomias agnósticas*. Ediciones Palabra SA. Madrid. 1976. Seite 98.

[54]COPLESTON FREDERICK. *Historia de la Filosofía. Tomo II. De San Agustín a Escoto*. Editorial Ariel. Barcelona. 1994. Seieten 132-133.

[55]COPLESTON FREDERICK. *Historia de la Filosofía. Tomo II. De San Agustín a Escoto*. Editorial Ariel. Barcelona. 1994. Seite 134. Das sind wörtliche Worte von Sankt Anselm, die der Autor zitiert.

[56]HIRSCHBERGER J. *Breve Historia de la Filosofía*. Editorial Herder. Barcelona. 1977. Seiten 108-109.

[57]Siehe COPLESTON FREDERICK C. *El pensamiento de Santo Tomás*. Traducción de Elsa Cecilia Frost. Fondo de Cultura Económica. México-Buenos Aires. 1960. Seiten 121-122.

[58]SERTILLANGES A.D. *Santo Tomás de Aquino. Tomo I*. Ediciones Desclée de Brouwer. Buenos Aires. 1946. Seite 145.

[59]COLLIN ENRIQUE. *Manual de filosofía tomista. Tomo II*. Traducción de la novena edición francesa por Cipriano Montserrat. Luis Gili. Editor. Barcelona. 1950. Seiten 402-403.

[60]Siehe GARRIGOU-LAGRANGE R. *Dios. La existencia de Dios. Solución tomista de las antinomias agnósticas*. Ediciones Palabra SA. Madrid. 1976. Seite 197.

[61]Siehe GILSON ETIENNE. *El Tomismo. Introducción a la filosofía de Santo Tomás de Aquino*. Ediciones Desclée, de Brouwer. Buenos Aires. 1951. Seite 90.

[62]Siehe GARRIGOU-LAGRANGE R. *Dios. La existencia de Dios. Solución tomista de las antinomias agnósticas*. Ediciones Palabra SA.

Madrid. 1976. Seiten 199-211.

[63]Siehe WELTE BERNHARD. *El pensamiento filosófico actual frente a las "quinque viae" de Santo Tomás de Aquino.* Revista de la Facultad de Teología de la Pontificia Universidad Católica Argentina. Nr 12. 1968. Seiten 75-122.

[64]MANSER GALLUS. *La esencia del Tomismo.* Traducción de la segunda edición alemana. Madrid. 1947. Seiten 310-311.

[65]Siehe IRIZAR LILIANA B. *El trasfondo metafísico de las Cinco Vías de Santo Tomás. Una aproximación desde Lawrence Dewan, O.P.* Civilizar. Ciencias sociales y humanas. Volumen 11. N° 20 Universidad Sergio Arboleda. Bogotá. Colombia. Enero-junio de 2011. Seiten 75-96.

[66]Denken Sie daran, dass der Heilige Thomas die Fünf Wege in einem einzigen Artikel der *Summa Theologica* präsentiert, Artikel 3 der Frage 2 des ersten Teils. Moderne Menschen werden sicherlich von der Einfachheit beeindruckt sein, mit der Aquinaten seine Argumente darstellt, von ihrer Klarheit und Prägnanz und gleichzeitig von ihrer Tiefe. Die unglaubliche Resonanz, die sie im Laufe der Geschichte hatten und immer noch haben, bestätigt, dass die Wahrheit keine undurchsichtigen Mammutwerke benötigt, um nachgewiesen zu werden. Die heutigen kirchlichen Vertreter, die in diesen Gebilden namens Bischofskonferenzen, Synoden usw. bürokratisiert sind, sollten darüber nachdenken, bevor sie ihre "Pastoralschreiben" oder wie auch immer sie genannt werden, veröffentlichen. Meist handelt es sich um umfangreiche, substanzlose Wortgeklingel, die zum Vergessen verdammt sind.

[67]HIRSCHBERGER J. *Breve Historia de la Filosofía.* Editorial Herder. Barcelona. 1977. Seite 133.

[68]Siehe COPLESTON FREDERICK. *Historia de la Filosofía. Tomo II. De San Agustín a Escoto.* Editorial Ariel. Barcelona. 1994. Seite 109.

[69]AQUINO, TOMÁS DE. *Suma de Teología. Parte I.* Estudio dirigido por los Regentes de Estudios de las Provincias Dominicanas en España. Cuarta edición. BAC. Madrid. 2001. Seite 111.

[70]Siehe SERTILLANGES A.D. *Santo Tomás de Aquino. Tomo I.* Ediciones Desclée de Brouwer. Buenos Aires. 1946. Seite 155.

[71]Siehe COPLESTON FREDERICK. *Historia de la Filosofía. Tomo II. De San Agustín a Escoto.* Editorial Ariel. Barcelona. 1994. Seite 281.

[72]Siehe ZANOTTI GABRIEL J. *La llamada existencia de Dios en Santo Tomás: un replanteo del problema. Civilizar. Ciencias sociales y humanas.* Volumen 10. N° 18. Universidad Sergio Arboleda. Bogotá. Colombia. Enero-junio 2010. Seiten 55-64.

[73]GILSON ETIENNE. *El Tomismo. Introducción a la filosofía de Santo*

Tomás de Aquino. Ediciones Desclée, de Brouwer. Buenos Aires. 1951. Seite 103.

[74]Siehe GILSON ETIENNE. *El Tomismo. Introducción a la filosofía de Santo Tomás de Aquino*. Ediciones Desclée, de Brouwer. Buenos Aires. 1951. Seite 100.

[75]DEWAN LAURENCE. *Lecciones de Metafísica II. Teología natural (sobre la existencia de Dios)*. Introducción, y edición dirigida y revisada por: Liliana B. Irizar Traducción Carlos Domínguez y Liliana B. Irizar. Bogotá. Colombia. 2012. Seite 131.

[76]Siehe COPLESTON FREDERICK C. *El pensamiento de Santo Tomás*. Traducción de Elsa Cecilia Frost. Fondo de Cultura Económica. México-Buenos Aires. 1960. Seite 106.

[77]Siehe COPLESTON FREDERICK. *Historia de la Filosofía. Tomo II. De San Agustín a Escoto*. Editorial Ariel. Barcelona. 1994. Seite 254.

[78]GILSON ETIENNE. *El Tomismo. Introducción a la filosofía de Santo Tomás de Aquino*. Ediciones Desclée, de Brouwer. Buenos Aires. 1951. Seite 90.

[79]FERRATER MORA JOSE. *Diccionario de Filosofía. Tomo II*. Konsultierter Artikel: "Tomas de Aquino (Santo)". Editorial Sudamericana. Buenos Aires. Quinta Edición. Seite 808.

[80]GILSON ETIENNE. *El Tomismo. Introducción a la filosofía de Santo Tomás de Aquino*. Ediciones Desclée, de Brouwer. Buenos Aires. 1951. Seite 122.

[81]GILSON ÉTIENNE. *El Tomismo. Introducción a la filosofía de Santo Tomás de Aquino*. Ediciones Desclée, de Brouwer. Buenos Aires. 1951. Seite 91.

[82]COLLIN ENRIQUE. *Manual de filosofía tomista. Tomo II*. Traducción de la novena edición francesa por Cipriano Montserrat. Luis Gili. Editor. Barcelona. 1950. Seite 404.

[83]GARRIGOU-LAGRANGE R. *Dios. La existencia de Dios. Solución tomista de las antinomias agnósticas*. Ediciones Palabra SA. Madrid. 1976. Seite 212.

[84]GARRIGOU-LAGRANGE R. *Dios. La existencia de Dios. Solución tomista de las antinomias agnósticas*. Ediciones Palabra SA. Madrid. 1976. Seite 214.

[85]GARRIGOU-LAGRANGE R. *Dios. La existencia de Dios. Solución tomista de las antinomias agnósticas*. Ediciones Palabra SA. Madrid. 1976. Seite 215.

[86]Das Beispiel bleibt gültig. Die Sonne bewegt sich nicht mehr um die Erde, wie die Alten dachten, aber sie bewegt sich. Heutzutage wissen wir,

dass sich das gesamte Universum bewegt.

[87]SERTILLANGES A.D. *Santo Tomás de Aquino. Tomo I.* Ediciones Desclée de Brouwer. Buenos Aires. 1946. Seite 158.

[88]AQUINAS, ST. THOMAS. *Summa contra Gentiles.* Latin & English. Book I translated by Anton C. Pegis. Edited, with English, especially Scriptural references, updated by Joseph Kenny, O.P. New York: Hanover House, 1955-57. Buch I, Kapitel 13 Nr 6.
https://isidore.co/aquinas/ContraGentiles1.htm.

[89]AQUINAS, ST. THOMAS. *Summa contra Gentiles.* Latin & English. Book I translated by Anton C. Pegis. Edited, with English, especially Scriptural references, updated by Joseph Kenny, O.P. New York: Hanover House, 1955-57. Buch I, Kapitel 13 Nr 7.
https://isidore.co/aquinas/ContraGentiles1.htm.

[90]GILSON ÉTIENNE. *El Tomismo. Introducción a la filosofía de Santo Tomás de Aquino.* Ediciones Desclée, de Brouwer. Buenos Aires. 1951. Seite 93.

[91]ROVIRA REICH RICARDO. *El conocimiento natural de Dios como término de un proceso discursivo Estudio sobre las Cinco Vías.* Segunda Edición. Ediciones Civilitas. Madrid. 2018. Seite 54.

[92]AQUINAS, ST. THOMAS. *Summa contra Gentiles.* Latin & English. Book I translated by Anton C. Pegis. Edited, with English, especially Scriptural references, updated by Joseph Kenny, O.P. New York: Hanover House, 1955-57. Buch I, Kapitel 13 Nr 17.
https://isidore.co/aquinas/ContraGentiles1.htm.

[93]Siehe ROVIRA REICH RICARDO. *El conocimiento natural de Dios como término de un proceso discursivo Estudio sobre las Cinco Vías.* Segunda Edición. Ediciones Civilitas. Madrid. 2018. Seite 56.

[94]Siehe AQUINAS, ST. THOMAS. *Summa contra Gentiles.* Latin & English. Book I translated by Anton C. Pegis. Edited, with English, especially Scriptural references, updated by Joseph Kenny, O.P. New York: Hanover House, 1955-57. Buch I, Kapitel 13 Nr 19.
https://isidore.co/aquinas/ContraGentiles1.htm.

[95]ROVIRA REICH RICARDO. *El conocimiento natural de Dios como término de un proceso discursivo Estudio sobre las Cinco Vías.* Segunda Edición. Ediciones Civilitas. Madrid. 2018. Seite 56.

[96]Siehe AQUINAS, ST. THOMAS. *Summa contra Gentiles.* Latin & English. Book I translated by Anton C. Pegis. Edited, with English, especially Scriptural references, updated by Joseph Kenny, O.P. New York: Hanover House, 1955-57. Buch I, Kapitel 13 Nr 19 und folgende.
https://isidore.co/aquinas/ContraGentiles1.htm.

[97]Siehe GARRIGOU-LAGRANGE R. *Dios. La existencia de Dios. Solución tomista de las antinomias agnósticas.* Ediciones Palabra SA. Madrid. 1976. Seite 231.

[98]Siehe MANSER GALLUS. *La esencia del Tomismo.* Traducción de la segunda edición alemana. Madrid. 1947. Seite 307.

[99]SERTILLANGES A.D. *Santo Tomás de Aquino. Tomo I.* Ediciones Desclée de Brouwer. Buenos Aires. 1946. Seite 160.

[100]Siehe GILSON ETIENNE. *El Tomismo. Introducción a la filosofía de Santo Tomás de Aquino.* Ediciones Desclée, de Brouwer. Buenos Aires. 1951. Seite 101.

[101]ROVIRA REICH RICARDO. *El conocimiento natural de Dios como término de un proceso discursivo Estudio sobre las Cinco Vías.* Segunda Edición. Ediciones Civilitas. Madrid. 2018. Seite 81.

[102]AQUINAS, ST. THOMAS. *Summa contra Gentiles.* Latin & English. Book I translated by Anton C. Pegis. Edited, with English, especially Scriptural references, updated by Joseph Kenny, O.P. New York: Hanover House, 1955-57. Buch I, Kapitel 13 Nr 33. https://isidore.co/aquinas/ContraGentiles1.htm.

[103]AQUINAS, THOMAS. *Questiones Disputatae de Veritate.*Translated by Robert W. Mulligan, S.J., Chicago: Henry Regnery Company. 1952. Q.2 a.10 Resp.

[104]Siehe DEWAN LAURENCE. *Lecciones de Metafísica II. Teología natural (sobre la existencia de Dios).* Introducción, y edición dirigida y revisada por: Liliana B. Irizar Traducción Carlos Domínguez y Liliana B. Irizar. Bogotá. Colombia. 2012. Seite 147.

[105]ROVIRA REICH RICARDO. *El conocimiento natural de Dios como término de un proceso discursivo Estudio sobre las Cinco Vías.* Segunda Edición. Ediciones Civilitas. Madrid. 2018. Seite 81.

[106]Siehe GARRIGOU-LAGRANGE R. *Dios. La existencia de Dios. Solución tomista de las antinomias agnósticas.* Ediciones Palabra SA. Madrid. 1976. Seite 231.

[107]MANSER GALLUS. *La esencia del Tomismo.* Traducción de la segunda edición alemana. Madrid. 1947. Seite 307.

[108]MANSER GALLUS. *La esencia del Tomismo.* Traducción de la segunda edición alemana. Madrid. 1947. Seite 307.

[109]Siehe GILSON ETIENNE. *El Tomismo. Introducción a la filosofía de Santo Tomás de Aquino.* Ediciones Desclée, de Brouwer. Buenos Aires. 1951. Seite 105.

[110]Siehe ROVIRA REICH RICARDO. *El conocimiento natural de Dios como término de un proceso discursivo Estudio sobre las Cinco Vías.*

Segunda Edición. Ediciones Civilitas. Madrid. 2018. Seite 105.

[111]DEWAN LAURENCE. *Lecciones de Metafísica II. Teología natural (sobre la existencia de Dios)*. Introducción, y edición dirigida y revisada por: Liliana B. Irizar Traducción Carlos Domínguez y Liliana B. Irizar. Bogotá. Colombia. 2012. Seite 76.

[112]AQUINAS, ST. THOMAS. *Summa contra Gentiles*. Latin & English. Book I translated by Anton C. Pegis. Edited, with English, especially Scriptural references, updated by Joseph Kenny, O.P. New York: Hanover House, 1955-57. Buch I, Kapitel 15 Nr 4. Ich habe den Text direkt aus dem Lateinischen ins Deutsche übersetzt.

[113]Siehe GILSON ETIENNE. *El Tomismo. Introducción a la filosofía de Santo Tomás de Aquino*. Ediciones Desclée, de Brouwer. Buenos Aires. 1951. Seiten 104-105.

[114]AQUINAS, ST. THOMAS. *Summa contra Gentiles*. Latin & English. Book I translated by Anton C. Pegis. Edited, with English, especially Scriptural references, updated by Joseph Kenny, O.P. New York: Hanover House, 1955-57. Buch I, Kapitel 15 Nr 5. https://isidore.co/aquinas/ContraGentiles1.htm.

[115]AQUINAS, ST. THOMAS. *Summa contra Gentiles*. Latin & English. Book I translated by Anton C. Pegis. Edited, with English, especially Scriptural references, updated by Joseph Kenny, O.P. New York: Hanover House, 1955-57. Buch I, Kapitel 15 Nr 5 *ab initio*. https://isidore.co/aquinas/ContraGentiles1.htm.

[116]GARRIGOU-LAGRANGE R. *Dios. La existencia de Dios. Solución tomista de las antinomias agnósticas*. Ediciones Palabra SA. Madrid. 1976. Seite 234.

[117]Siehe SERTILLANGES A.D. *Santo Tomás de Aquino. Tomo I*. Ediciones Desclée de Brouwer. Buenos Aires. 1946. Seite 164.

[118]Siehe SERTILLANGES A.D. *Santo Tomás de Aquino. Tomo I*. Ediciones Desclée de Brouwer. Buenos Aires. 1946. Seiten 164-165.

[119]ROVIRA REICH RICARDO. *El conocimiento natural de Dios como término de un proceso discursivo Estudio sobre las Cinco Vías*. Segunda Edición. Ediciones Civilitas. Madrid. 2018. Seite 131.

[120]Siehe GILSON ETIENNE. *El Tomismo. Introducción a la filosofía de Santo Tomás de Aquino*. Ediciones Desclée, de Brouwer. Buenos Aires. 1951. Seite 107.

[121]Siehe SERTILLANGES A.D. *Santo Tomás de Aquino. Tomo I*. Ediciones Desclée de Brouwer. Buenos Aires. 1946. Seite 169.

[122]Siehe DEWAN LAURENCE. *Lecciones de Metafísica II. Teología natural (sobre la existencia de Dios)*. Introducción, y edición dirigida y

revisada por: Liliana B. Irizar Traducción Carlos Domínguez y Liliana B. Irizar. Bogotá. Colombia. 2012. Seite 106.

[123]GARRIGOU-LAGRANGE R. *Dios. La existencia de Dios. Solución tomista de las antinomias agnósticas*. Ediciones Palabra SA. Madrid. 1976. Seite 240.

[124]AQUINAS, ST. THOMAS. *The Summa Theologica*. Latin & English. Translated by Fathers of the English Dominican Province. Benziger Bros. Edition. 1947. I, q.2 a.3 Resp. https://isidore.co/aquinas/summa/index.html.

[125]AQUINAS, ST. THOMAS. *Summa contra Gentiles*. Latin & English. Book I translated by Anton C. Pegis. Edited, with English, especially Scriptural references, updated by Joseph Kenny, O.P. New York: Hanover House, 1955-57. Buch I, Kapitel 13 Nr 34. https://isidore.co/aquinas/ContraGentiles1.htm.

[126]GILSON ETIENNE. *El Tomismo. Introducción a la filosofía de Santo Tomás de Aquino*. Ediciones Desclée, de Brouwer. Buenos Aires. 1951. Seite 108.

[127]GILSON ETIENNE. *El Tomismo. Introducción a la filosofía de Santo Tomás de Aquino*. Ediciones Desclée, de Brouwer. Buenos Aires. 1951. Seite 108.

[128]Siehe COLLIN ENRIQUE. *Manual de filosofía tomista. Tomo II*. Traducción de la novena edición francesa por Cipriano Montserrat. Luis Gili. Editor. Barcelona. 1950. Seite 408.

[129]Siehe ROVIRA REICH RICARDO. *El conocimiento natural de Dios como término de un proceso discursivo Estudio sobre las Cinco Vías*. Segunda Edición. Ediciones Civilitas. Madrid. 2018. Seite 150.

[130]COLLIN ENRIQUE. *Manual de filosofía tomista. Tomo II*. Traducción de la novena edición francesa por Cipriano Montserrat. Luis Gili. Editor. Barcelona. 1950. Seite 409.

[131]Siehe COPLESTON FREDERICK. *Historia de la Filosofía. Tomo II. De San Agustín a Escoto*. Editorial Ariel. Barcelona. 1994. Seite 280.

[132]Siehe GILSON ETIENNE. *El Tomismo. Introducción a la filosofía de Santo Tomás de Aquino*. Ediciones Desclée, de Brouwer. Buenos Aires. 1951. Seite 109 und folgende.

[133]GILSON ETIENNE. *El Tomismo. Introducción a la filosofía de Santo Tomás de Aquino*. Ediciones Desclée, de Brouwer. Buenos Aires. 1951. Seite 112.

[134]GILSON ETIENNE. *El Tomismo. Introducción a la filosofía de Santo Tomás de Aquino*. Ediciones Desclée, de Brouwer. Buenos Aires. 1951. Seite 114.

[135]MANSER GALLUS. *La esencia del Tomismo.* Traducción de la segunda edición alemana. Madrid. 1947. Seite 309.

[136]MANSER GALLUS. *La esencia del Tomismo.* Traducción de la segunda edición alemana. Madrid. 1947. Seite 310.

[137]GARRIGOU-LAGRANGE R. *Dios. La existencia de Dios. Solución tomista de las antinomias agnósticas.* Ediciones Palabra SA. Madrid. 1976. Seite 240.

[138]Siehe GARRIGOU-LAGRANGE R. *Dios. La existencia de Dios. Solución tomista de las antinomias agnósticas.* Ediciones Palabra SA. Madrid. 1976. Seiten 241-271.

[139]GARRIGOU-LAGRANGE R. *Dios. La existencia de Dios. Solución tomista de las antinomias agnósticas.* Ediciones Palabra SA. Madrid. 1976. Seite 271.

[140]MANSER GALLUS. *La esencia del Tomismo.* Traducción de la segunda edición alemana. Madrid. 1947. Seite 311.

[141]GILSON ETIENNE. *El Tomismo. Introducción a la filosofía de Santo Tomás de Aquino.* Ediciones Desclée, de Brouwer. Buenos Aires. 1951. Seite 114.

[142]DEWAN LAURENCE. *Lecciones de Metafísica II. Teología natural (sobre la existencia de Dios).* Introducción, y edición dirigida y revisada por: Liliana B. Irizar Traducción Carlos Domínguez y Liliana B. Irizar. Bogotá. Colombia. 2012. Seite 114. Notiz 5.

[143]COLLIN ENRIQUE. *Manual de filosofía tomista. Tomo II.* Traducción de la novena edición francesa por Cipriano Montserrat. Luis Gili. Editor. Barcelona. 1950. Seite 412.

[144]ROVIRA REICH RICARDO. *El conocimiento natural de Dios como término de un proceso discursivo Estudio sobre las Cinco Vías.* Segunda Edición. Ediciones Civilitas. Madrid. 2018. Seite 159.

[145]AQUINAS, ST. THOMAS. *The Summa Theologica.* Latin & English. Translated by Fathers of the English Dominican Province. Benziger Bros. Edition. 1947. I, q.2 a.3 Resp. https://isidore.co/aquinas/summa/index.html.

[146]AQUINAS, ST. THOMAS. *Summa contra Gentiles.* Latin & English. Book I translated by Anton C. Pegis. Edited, with English, especially Scriptural references, updated by Joseph Kenny, O.P. New York: Hanover House, 1955-57. Buch I, Kapitel 13 Nr 35. https://isidore.co/aquinas/ContraGentiles1.htm.

[147]MANSER GALLUS. *La esencia del Tomismo.* Traducción de la segunda edición alemana. Madrid. 1947. Seite 311.

[148]Siehe GILSON ETIENNE. *El Tomismo. Introducción a la filosofía de*

Santo Tomás de Aquino. Ediciones Desclée, de Brouwer. Buenos Aires. 1951. Seite 114.

[149]Siehe GARRIGOU-LAGRANGE R. *Dios. La existencia de Dios. Solución tomista de las antinomias agnósticas*. Ediciones Palabra SA. Madrid. 1976. Seiten 271-272.

[150]Siehe GARRIGOU-LAGRANGE R. *Dios. La existencia de Dios. Solución tomista de las antinomias agnósticas*. Ediciones Palabra SA. Madrid. 1976. Seite 271.

[151]COLLIN ENRIQUE. *Manual de filosofía tomista. Tomo II*. Traducción de la novena edición francesa por Cipriano Montserrat. Luis Gili. Editor. Barcelona. 1950. Seite 413.

[152]DEWAN LAURENCE. *Lecciones de Metafísica II. Teología natural (sobre la existencia de Dios)*. Introducción, y edición dirigida y revisada por: Liliana B. Irizar Traducción Carlos Domínguez y Liliana B. Irizar. Bogotá. Colombia. 2012. Seite 113.

[153]Siehe COPLESTON FREDERICK. *Historia de la Filosofía. Tomo II. De San Agustín a Escoto*. Editorial Ariel. Barcelona. 1994. Seite 280.

[154]GILSON ETIENNE. *El Tomismo. Introducción a la filosofía de Santo Tomás de Aquino*. Ediciones Desclée, de Brouwer. Buenos Aires. 1951. Seite 115.

[155]AQUINAS, ST. THOMAS. *Summa contra Gentiles*. Latin & English. Book I translated by Anton C. Pegis. Edited, with English, especially Scriptural references, updated by Joseph Kenny, O.P. New York: Hanover House, 1955-57. Buch III, Kapitel 3 Nr 9. https://isidore.co/aquinas/ContraGentiles1.htm.

[156]Siehe GARDEIL H.D. *Iniciación a la Filosofía de Santo Tomás de Aquino. 4-Metafísica*. Editorial Tradición. México. 1974. Seite 238.

[157]FERRATER MORA JOSE. *Diccionario de Filosofía. Tomo I*. Konsultierter Artikel: "Azar". Editorial Sudamericana. Buenos Aires. Quinta Edición. Seite 169.

[158]Siehe COPLESTON FREDERICK. *Historia de la Filosofía. Tomo II. De San Agustín a Escoto*. Editorial Ariel. Barcelona. 1994. Seite 280.